教養としての犬

監修）菊水健史　著）富田園子

思わず人に
話したくなる
犬知識
130

西東社

はじめに

犬が、人類にとって最も身近で親しい動物であることは異論のないことだと思います。人に懐き、人を慕い、人とともに生きてくれる犬。家庭犬としてだけでなく、盲導犬や警察犬、災害救助犬など、私たちの社会を構成する一員としてつねに犬は身近な存在です。

犬はどのような経緯で、人とともに生きるようになったのでしょう。考古学の進展やゲノム解析によって、これまではわからなかった新しい筋書きが見えつつあります。犬の起源を知ることは、じつは人類の足跡をたどることでもありました。人類と犬が手をたずさえて歩んできた道は、我々の想像を遥かに超えて、遠く長く続いていたのです。

いっぽうで最新の科学は、犬の心理や生態をつぎつぎに解き明かしつつあります。ホルモン変化の測定や脳の活動部位を即時に見られるＭＲＩなど、以前にはない技術を使ったデータが続々と発表されています。そこからわかるのは犬という生き物の、人とともに生きることを選んだからこその特殊性です。

姿形のバリエーションの豊かさも犬の魅力でしょう。犬種の多様さは人と犬の歴史の足跡そのものであり、姿形の多様さには遺伝の不思議が詰まっています。

頭からでも、目次を見て気になったトピックからでもかまいません。まずは1ページ読んでみてください。犬の過去と現在、そして未来までを通貫する、小さな旅の始まりです。

目次

3 おどろきの身体能力と知能

5 歴史や文化と犬との関係

6 犬は人類の最良の友

【画像クレジット】

P.15黒いタイリクオオカミ，P.19スウェーデンの壁画，P.163ディンゴ，P.164アヌビス壁画，P.172ポンペイのモザイク画と石膏像，P.178紋章，P.198西郷隆盛像…Getty Images／P.73カーリーコーテッド・レトリーバー…Mattias Agar／P.88古代アッシリアの壁画…Osama Shukir Muhammed Amin／P.89古代ギリシャ葬祭用のレリーフ…Shaun Che／P.108花の画像…Dave Kennard／P.113ボビー銅像…Rick Obst／P.164犬のミイラ…Museo Egizio／P.165古代エジプトの陶板，P.167犬の粘土像，P.168少女の銅像，P.171壺，P.179マリー・アントワネットの犬ハウス，P.188女三宮，P.194浮世絵，P.196狆のくるひ，P.199神奈川権現山 外国人遊覧，英和辞典…The Metropolitan Museum／P.169小型犬の棺…George E. Koronaios／P.169短頭種の頭蓋骨…Anja／P.171K-9…State Border Guard Service of Ukraine／P.174犬俑，P.185犬型埴輪，P.189春日権現験記絵巻…ColBase／P.177チベタン・マスティフ…Andrea Arden／P.181アレクサンドラ王妃…Peter symonds／P.187雪丸像…ブレイズマン／P.188信貴山縁起絵巻，P.194お伊勢参り犬，P.195里見八犬伝…国立国会図書館／P.193徳川累代像顕…東京都立図書館／P.195薔薇蝶狗子図…愛知県美術館／P.223フィド…Sailko

1

犬の起源をひもとこう

犬は太古の昔から人類と暮らしてきた最も古い"家畜"

家畜というと牛や豚など、食用に飼育されている動物が思い浮かぶのではないでしょうか。しかし、じつは犬や猫など**ペットとして飼われる動物も家畜の一種**。野生動物を人が飼い慣らし、遺伝的に変化させたものを動物学では家畜と呼びます。そして野生種から家畜種への変化を「家畜化」と呼びます。

家畜は肉牛から金魚まで、30種以上います。そのなかで**最も古くに家畜化されたのがほかならぬ犬**。ほかの種は約1万年前、人類が農業を始めてから家畜化されましたが、**犬だけはそれ以前の、人類が狩猟採集生活を送ってい**

家畜化が始まった年代は諸説紛々

犬が人のそばで暮らし始めた年代ははっきりしていませんが、遅くとも1万5000年前（旧石器時代）といわれています。

☞P.28

狩猟採集時代はおもに狩りの友として活躍

獲物に吠えたてて藪から追い出したり、噛みついてしとめるなど、狩猟のよき相棒となりました。

犬以外の家畜は農耕牧畜が始まってから

約1万年前、気候が比較的温暖になると人類は農耕を始め、豚や羊の牧畜を始めました。

1万5000年前

1万年前

た時代から人のそばにいました。

また、牛や豚が逃げ出さないよう囲いに入れられて家畜化されたのに対し、犬は進んで人との暮らしを選び、人と暮らすのに適した性質に自らを変化させていきました。これを「自己家畜化」といいます。犬はまさに、家畜のなかで別格の存在なのです。

犬の用途は多岐にわたった

犬ほど人類の役にたった動物はいないでしょう。狩猟の相棒として働くのはもちろん、番犬をしたり、荷を運んだり、移動用の犬ぞりも引きました。さらに食糧の少ないときには人に食べられることも……。古代日本でも犬を食べていた証拠が見つかっています。

紀元前から犬の体格や毛柄はバラエティーがあった

遺されている絵画や彫刻から、犬には古くより多様な体格や毛色があったことがわかっています。

☞P.88、166

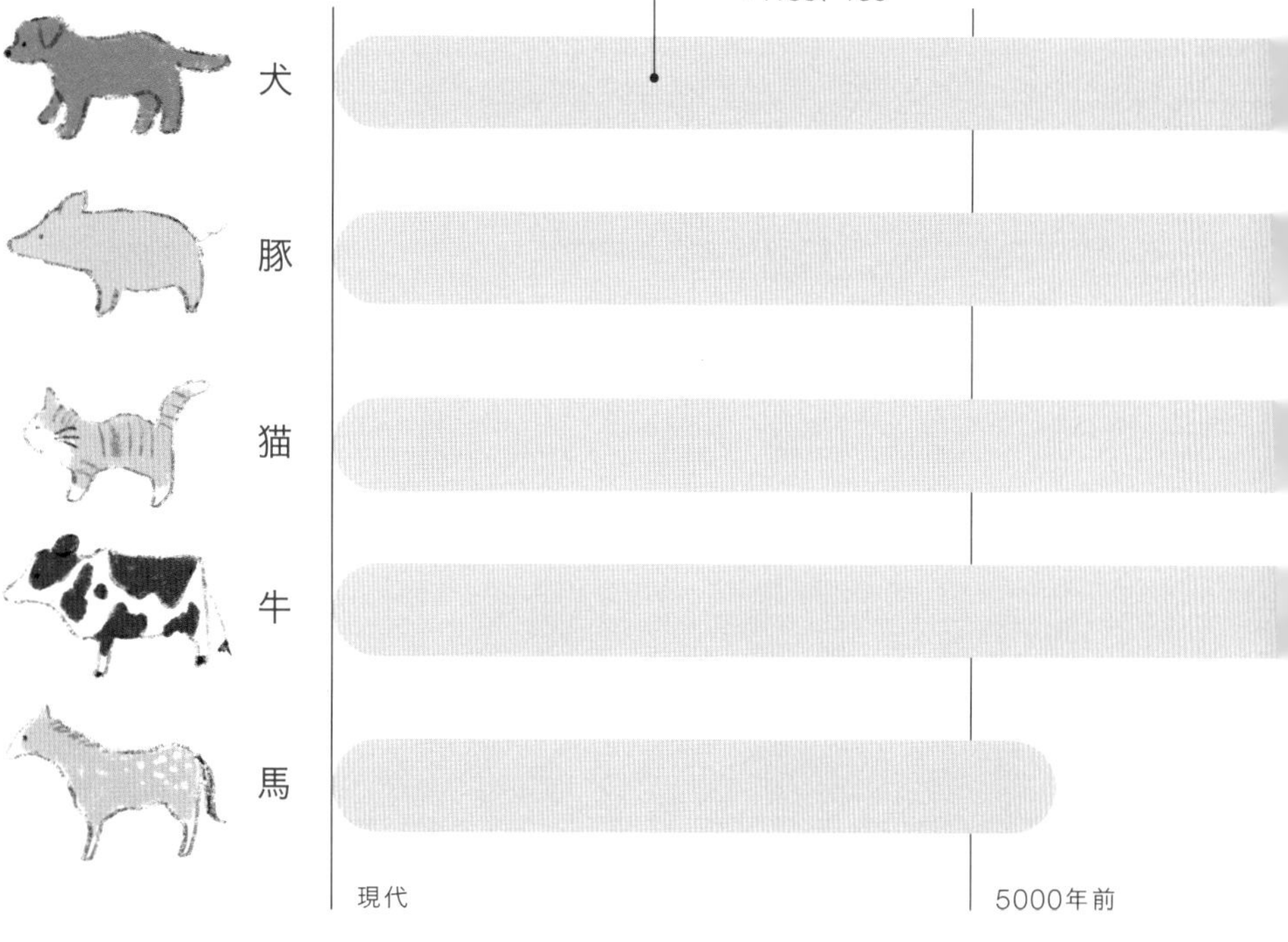

2 犬の祖先はやっぱりオオカミだった

「犬の祖先はオオカミ」というのは定説でしたが、ジャッカルやコヨーテなどのほかのイヌ科動物が祖先だとする説もありましたし、基本はオオカミでも、一部の犬種にはほかのイヌ科動物の血が入っていると唱える専門家もいました。

それがはっきり**「祖先はオオカミでまちがいない」とわかったのは1993年のこと**。科学の進歩により、DNAを調べることができるようになってからです。その結果、犬の祖先は古代に絶滅したオオカミであり、**犬とタイリクオオカミとは、同じ古代オオカミから分岐した姉妹関係**であることが明らかになりました。

また、DNAを調べることで、**古代オオカミからタイリクオオカミと犬とが分岐したあと、両者が何度か交雑（繁殖）した**こともわかりました。そ

絶滅
古代オオカミ
当時はユーラシア大陸に広く分布していたと考えられます。
タイリクオオカミ
現在もユーラシア大陸や北米に分布。
交雑
犬
犬種の多様化

**古代オオカミから
タイリクオオカミと
犬が分岐した**

両者の祖先となった古代オオカミはすでに絶滅。タイリクオオカミと犬は分岐したあともたびたび交雑していました。現代のようにさまざまな犬種が作られたのは人類が文明を興してからです。

の生きた証拠のひとつが、北米にいる黒い毛色のオオカミ。タイリクオオカミは別名ハイイロオオカミともいい、その名の通りグレーの毛色をしていますが、北米にいる一部のオオカミは全身が黒く、長いあいだ謎とされてきました。２００９年の調査で、この「黒い毛の遺伝子」が犬由来であることが判明しました。

北米にいる黒い毛色のタイリクオオカミ。黒い毛の遺伝子は犬由来で、交雑により得たものとわかりました。

3 そもそも犬とタイリクオオカミは亜種レベルのちがいしかない

犬とタイリクオオカミはDNAの99・9％が同じです。生物学的に「同種」というのは、繁殖できて、その子どもも繁殖可能なものを指しますが、前ページにもあるように犬とタイリクオオカミは交配して子孫を残すことができます。つまり、オオカミと犬は同種。種の下位分類として「亜種」があり、**犬はタイリクオオカミの亜種のひとつ**とされています。タイリクオオカミにはほかにヨーロッパオオカミやホッキョクオオカミなど13ほどの亜種がいますが、そのひとつがイエイヌ（生物学上の犬の名称）なのです。

現代の犬は骨格も毛色もオオカミと

はまるでちがっていて両者の区別は簡単です。しかしそれは、犬が家畜化して久しいためです。**古代オオカミから分岐したばかりの犬は、骨格もオオカミとほぼ同じ**だったでしょう。そのため両者の区別は難しく、イエイヌ誕生の場所や年代の特定を困難にしています。太古の遺骨を調べてそれがどの年代のものかわかっても、果たしてこれは初期の犬なのか、それとも古代オオカミなのかの判定が学者によってまちまちなのです。

家畜の特徴

犬に限らず、家畜化された動物には共通の特徴があります。例えば体格や脳が小さくなる、マズル（口吻《こうふん》）が短くなる、歯が小さくなる、垂れ耳や巻き尾が現れる、被毛に白斑が出るなど。ホルスタイン牛のまだら模様も家畜種ならではの特徴です。

☞P.66 犬の外見に多くのバリエーションがあるのは家畜だから

学名

タイリクオオカミ

Canis lupus
イヌ属　オオカミ

イエイヌ

Canis lupus Familiaris
イヌ属　オオカミ　家庭の

イエイヌの学名（学問上の世界共通名称）は、オオカミに「Familiaris」（家庭の）が付属した形。これはオオカミの亜種であることを意味します。

4

人が野生のオオカミを手なずけて犬に変えたわけではない

オオカミと性質の異なるイエイヌが誕生
人と行動をともにするようになる（家畜化）

昔は、犬の家畜化はこう考えられていました。「人がオオカミの子を捕まえて繁殖し、じょじょに人に友好的な犬に変えていった」。たしかに多くの家畜はこの方法で作られています。しかし羊やヤギならともかく、肉食獣のオオカミにこの方法は到底不可能。原始時代の人類がいくら屈強だとしても、閉じ込める檻もない時代では成長したオオカミに襲われて死ぬのがオチでしょう。

いま有力な説はつぎの通りです。まず、オオカミから突然変異によりイエイヌが生まれた。穏やかであまり人を怖れない気質をもつイエイヌは人の残飯などのゴミを目当てに住処に近寄った。そうした初期の犬と人との「つかず離れず」の期間がまずあった。**そうして人に依存しながら繁殖をくり返すうちに、犬はより穏やかな気質へと変化した**。その後、犬と人はともに生きるようになった。この説は**「スカベンジャー仮説」**と呼ばれます（スカベンジャーとはゴミ漁りという意味です）。多くの家畜は人が飼育し家畜化してから気質を変えていきますが、**犬の場合は先に気質が変化し、その後家畜化された**ということです。

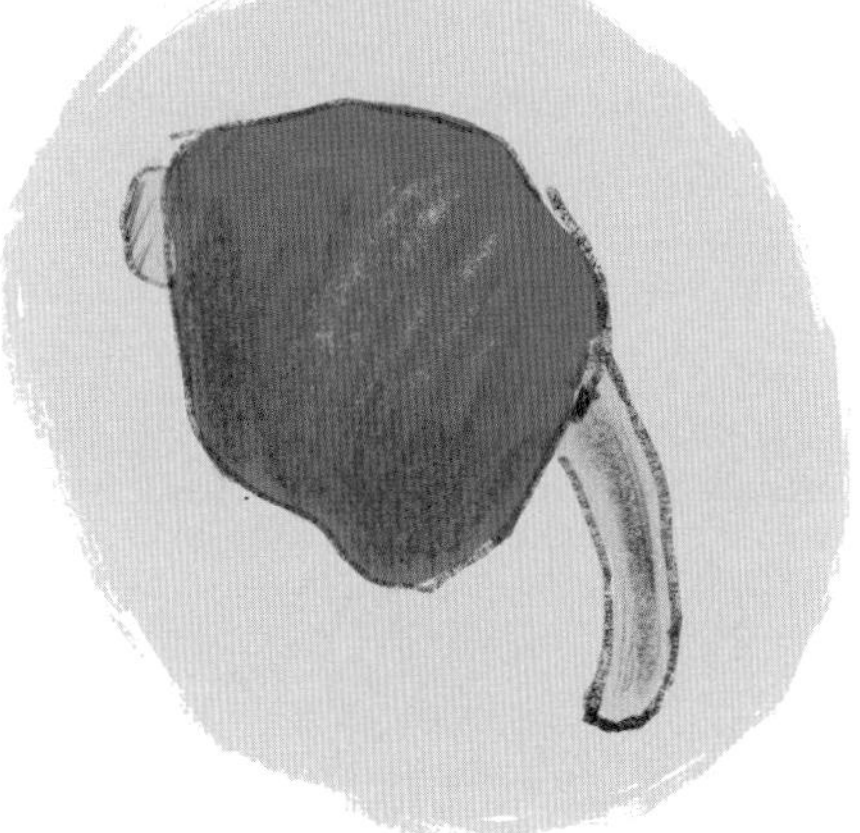

5 人は犬に余った赤身肉を与えていた？

右ページの「スカベンジャー仮説」には反論もありました。当時の人の群れは20～50人ほどの小規模なもので、犬の群れを養うほどの大量の残飯が出たとは考えにくいというものです。

２０２１年、これを矛盾なく説明できる新説が発表されました。なんと、人は獲物の肉をすべては食べずに捨てていたというのです。その理由は、**人間はタンパク質だけを摂りすぎると栄養失調を起こす**から。俗にいうタンパク質中毒です。雑食性の人間は、タンパク質・脂肪・炭水化物をバランスよく摂る必要があります。肉も脂肪が含まれたものが理想ですが、当時は氷河期で、捕れる獲物は痩せて脂肪が少なくほぼ赤身肉。人は脂質を獲物の骨髄から得ていたといいます。肉は貴重な食糧であるものの、**赤身肉だけを食べすぎると中毒を起こすため捨てるしかなく、それを目当てに犬が寄ってきた**というのです。

この説を発表したのは犬の学者ではなく、狩猟採集民の食生活を専門とする学者でした。畑違いだからこそ見えてきた、新しい視点です。

古代のスウェーデンの壁画。人が犬とともに狩りをしている様子が描かれています。古代人とオオカミは同じ獲物を取り合うライバルでしたが、犬と人はよきパートナーになれたのです。

6 遺跡に見る犬の埋葬跡は犬を愛したしるし

犬の起源を探るにあたり、考古学的な資料となるのは犬の遺骨です。古い犬の遺骨は世界各地から見つかっていますが、そのなかで**手厚く埋葬されたあとのある遺骨は「人類が犬を愛していた証拠」**となります。

遺体の埋葬は古来より行われてきました。生活場所の衛生を保つという実用的な理由からですが、遺体を石や赤土で飾ったり、生前使っていたものといっしょに埋めるなどの埋葬法からは、死を悼み故人を弔う気持ちが読み取れます。これは**愛する犬を失ったときも同じ**です。大切にされていた犬は飾りつきの首輪が巻いてあったり、鹿の角などの副葬品とともに埋められた形で発見されます。死後の食糧に困らないようにという願いを込めたのか、獲物の骨を口にくわえて埋められた犬もいます。

前述の通り、オオカミと初期の犬は区別がつけにくいのですが、およそ1万4000年前のものとされるドイツのオーバー・カッセル遺跡の遺骨はマズルの短さなどからまちがいなく犬のものとされています。この犬は一組の男女とともに埋葬されていました。いっしょに埋葬されるのは、その人物と犬が強い結びつきをもっていた証拠にほかなりません。犬は少なくとも

犬の骨が出土したおもな遺跡

日本では神奈川県の夏島貝塚で見つかった犬の骨が最古のもの。日本の土は酸性で有機物が残りにくいのですが、貝塚は貝殻のカルシウムが土に溶け出し、土壌を中和するので骨がよく残るのです。

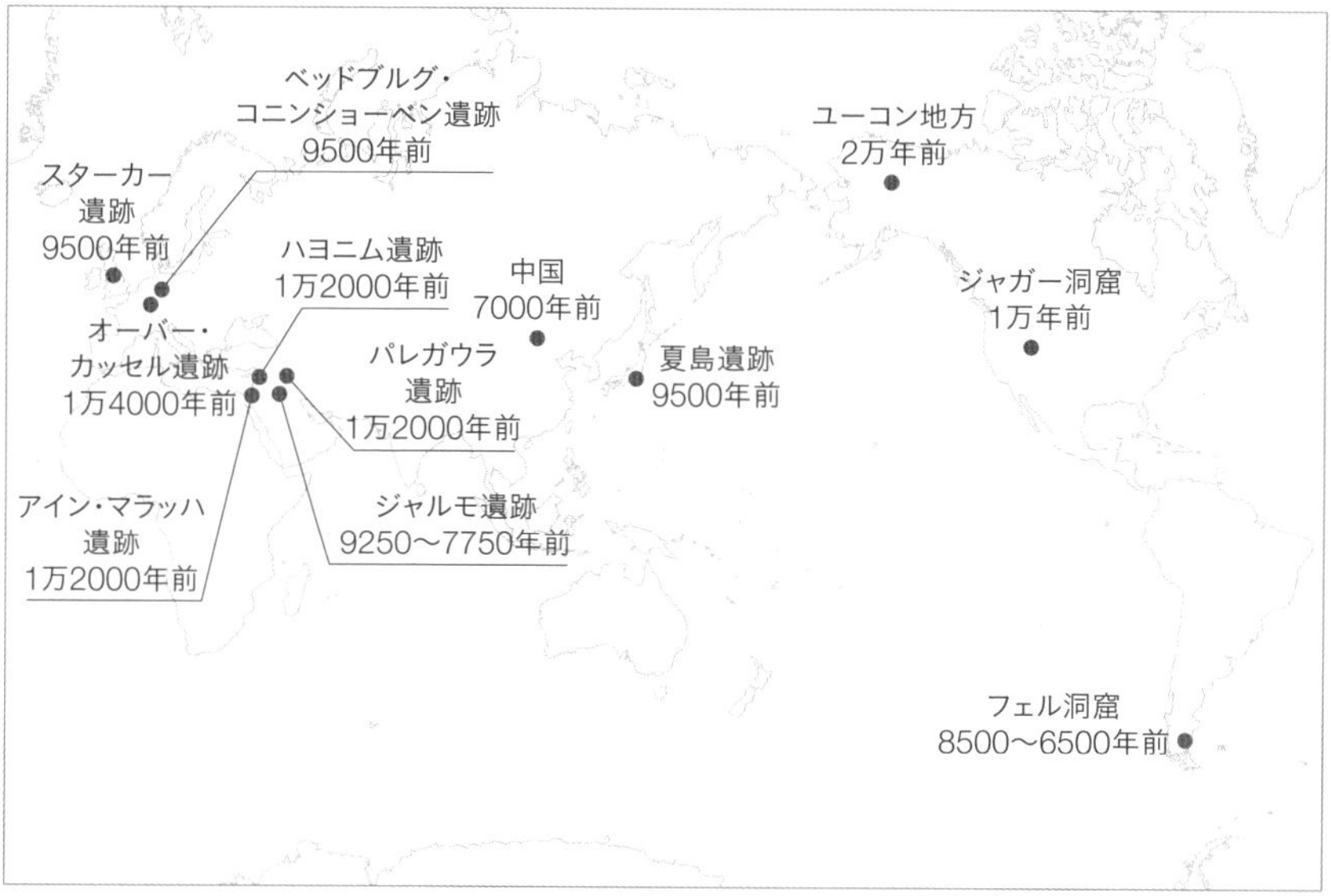
ベッドブルグ・
コニンショーベン遺跡
9500年前
スターカー
遺跡
9500年前
ユーコン地方
2万年前
ハヨニム遺跡
1万2000年前
中国
7000年前
ジャガー洞窟
1万年前
オーバー・
カッセル遺跡
1万4000年前
パレガウラ
遺跡
1万2000年前
夏島遺跡
9500年前
アイン・マラッハ
遺跡
1万2000年前
ジャルモ遺跡
9250〜7750年前
フェル洞窟
8500〜6500年前

1万4000年前から人のパートナーだったという貴重な証拠です。

およそ1万2000年前のものとされるイスラエルのアイン・マラッハ遺跡では、老人と子犬が身を寄せ合うように配置され、さらに老人の片手は犬の頭に添えられていました。これは両者が愛情で結ばれていた証拠でしょう。**遺骨の状況から生前の扱われ方がわかる**のです。

遺跡から病歴もわかる

ドイツのオーバー・カッセルで見つかった犬は、歯のエナメル質の状態から19週齢ごろに犬ジステンパーにかかり、約2か月間の闘病の末、生後7か月ごろで死亡したことがわかっています。当時ならすぐ死ぬ病気ですから、2か月もったのは人に看病されていた証拠だとされています。遺骨でそんなことまでわかるんですね。

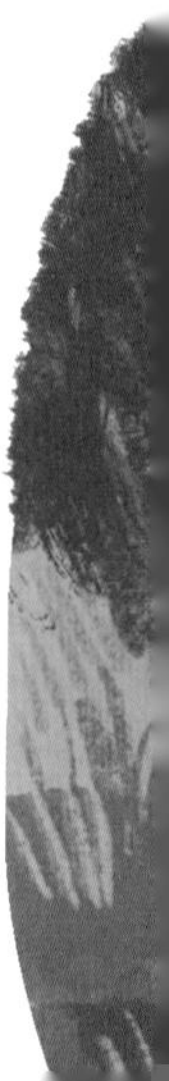

ホモ・サピエンスが生き残ったのは犬のおかげかも?

7

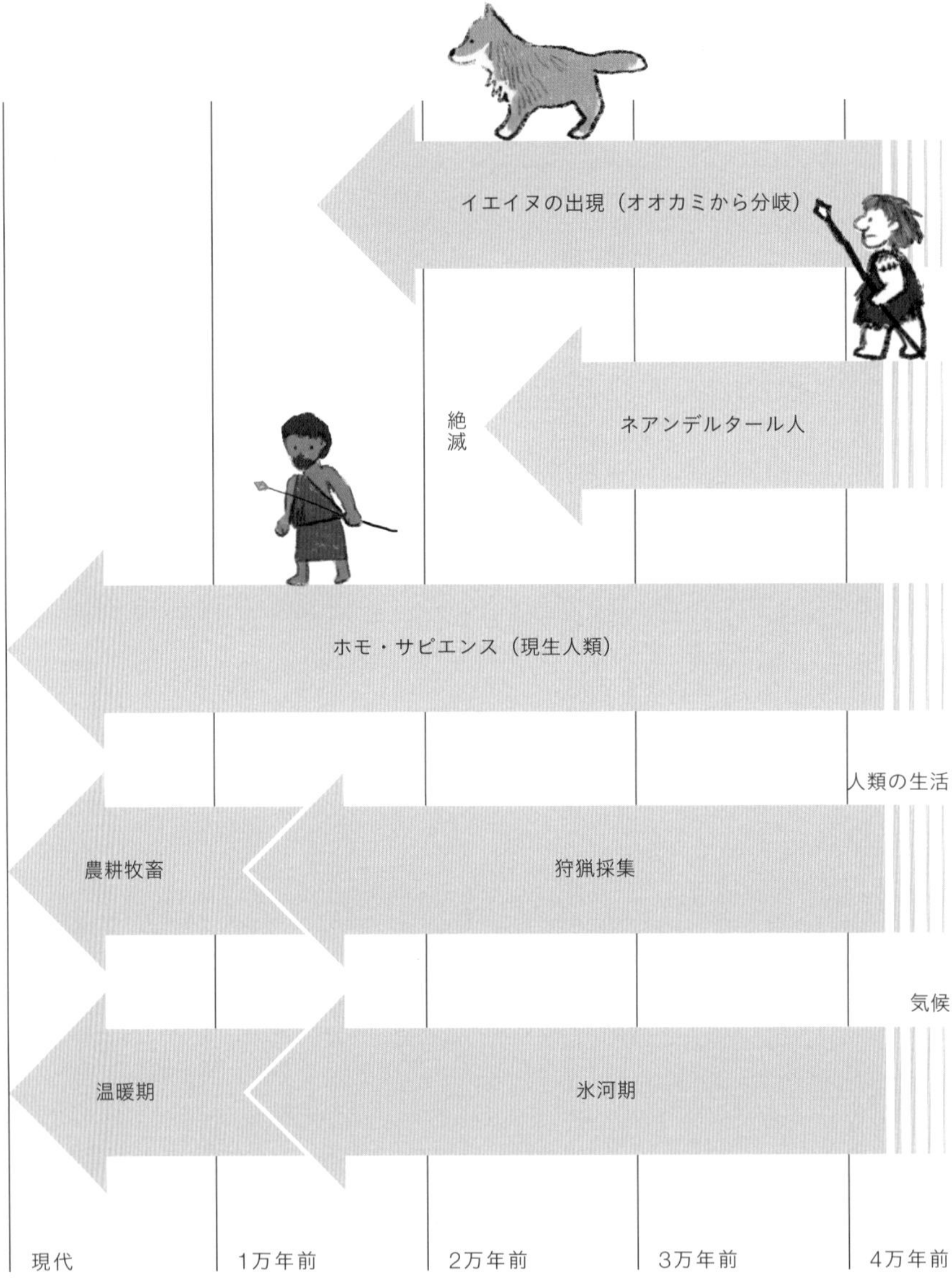
イエイヌの出現(オオカミから分岐)
絶滅
ネアンデルタール人
ホモ・サピエンス(現生人類)
人類の生活
農耕牧畜
狩猟採集
気候
温暖期
氷河期
現代
1万年前
2万年前
3万年前
4万年前

我々ホモ・サピエンスは約10万年前にアフリカを出発しユーラシア大陸に広がっていきました。そうしてユーラシア大陸のどこかで古代オオカミから分岐した犬と出会うのですが、そのころすでにユーラシア大陸にはネアンデルタール人がすんでいました。つまり、ホモ・サピエンスと犬、ネアンデルタール人は同じ時代・同じ場所に存在していたのです。しかし、犬を家畜化し、ともに暮らしたのはホモ・サピエンスだけでした。そしてこれが、その後**ホモ・サピエンスが繁栄し、ネアンデルタール人が絶滅した理由のひとつ**という説があります。氷河期で食糧が乏しいなか、ホモ・サピエンスは犬がいたことで狩りの精度が上がり、食糧の奪い合いに勝ったというのです。

　なぜホモ・サピエンスだけが犬をパートナーにしたのか。それは、ネアンデルタール人より友好的な気質が勝っていたからではといわれます。友好的なぶん大きな集団を作り、協力しあって狩りを行い、初期の犬とも距離を縮めていくことができたのでしょう。犬のほうも人と暮らすことでどんどん友好的な気質を強めていきました。

　人と犬は互いに協力しあって厳しい時代を生き抜き、繁栄していきました。このようなことから、**「イヌがヒトをヒトにし、ヒトがイヌをイヌにした」**ともいわれています。

8 絶滅したニホンオオカミは犬の祖先に最も近い

2021年、日本の研究チームが**ニホンオオカミは犬と最も近いゲノム（遺伝情報）をもっていた**ことを発表しました。ニホンオオカミの標本や遺骨からゲノムを抽出し、ほかのオオカミや犬と比較分析した結果です。遠く離れたパプアニューギニアの犬であるニューギニア・シンギング・ドッグや、オーストラリアの犬ディンゴにもニホンオオカミと共通のゲノムが含まれていたといいます。

　ということは、本当はニホンオオカミが犬の祖先!?　と思ってしまいそうですが、そうではありません。**絶滅した古代オオカミのうち、東アジアにいた集団が犬の祖先である可能性が見えてきた**のです。

　つまりこういうこと。ニホンオオカミは東アジアにいたタイリクオオカミが日本に流れ、日本の固有種として定着した亜種です。そのニホンオオカミと犬のゲノムが近いということは、古代オオカミからタイリクオオカミと犬が分岐した舞台は、東アジアだったのではないかと考えられるのです。日本は島国のため、ニホンオオカミはほかのオオカミと血統が混じることがなく、20世紀初頭に絶滅するまで原始のゲノムを保つことができました。よって数万年前、古代オオカミから分岐したこ

ゲノム解析による系統樹

現存する種のゲノムを解析し、遺伝の近さなどを表した図。タイリクオオカミの亜種であるニホンオオカミは、ほかのどの亜種よりも犬に近いことがわかります。また日本犬を含む東ユーラシアの犬は、ヨーロッパなどの西ユーラシアの犬よりもオオカミに近いこともわかりました。

ろのタイリクオオカミのゲノムがニホンオオカミの中に保存されており、だからニホンオオカミのゲノムが犬と最も近い、というわけなのです。

東アジアでオオカミから分岐したイエイヌは、その後全世界に広まっていきます。ヨーロッパなど西ユーラシアの犬種にはニホンオオカミと共通するゲノムが少ないのですが、これは**起源となった東アジアからの距離の遠さを表している**といいます。東アジアから西に移動するあいだにイエイヌは各地のオオカミとも交雑し、原始のゲノムを薄めていったのでしょう。

日本犬は原始的な血を多く残しているといわれ、気質もオオカミに近いといわれます。それもやはり、イエイヌの起源である東アジアと日本は近く、原始的な犬が日本に渡ってきたから。島国である日本ではほかの血統と混ざることがなく、かつ日本人は犬にほとんど改良を施さなかったので、日本犬は古来の血を保ってきたのです。日本は、犬の歴史のなかで特殊な場所にいたのですね。

Japanese wolf
Japanese dog

☞P.80 オオカミに最も近いのは柴犬

9 イエイヌは人と生きるため デンプン処理能力や 「愛する能力」を獲得した

ＤＮＡの99・９％はオオカミと変わらない犬。しかし、犬とオオカミには明らかなちがいがあります。例えばデンプン処理能力。**犬はオオカミよりデンプン分解酵素を数倍多く分泌すること**ができます。これはひとえに、雑食である人間と長いあいだ暮らしてきたためです。肉だけでなく、穀物もたくさん消化できたほうが人間と暮らすのに都合がよく、そのように体が変化したのです。

気質も異なります。人を恐れないだけでなく、積極的に触れ合いを求め、褒められると歓喜し、別れを悲しむよ

うな性質も犬にしかありません。生まれた直後から人とともに暮らしてきたオオカミは人に慣れはしますが、喜びに体を震わせるようなことはありません。これらは犬が長年かけて獲得した特別な気質なのです。科学者はこれを「飛びぬけた社交性」と表現しますが——**わかりやすく言えばこれは、「愛する能力」**です。**犬は人とともに暮らすため、自らの体の機能も精神のありようも変化させた**のです。

ウィリアムズ症候群

ウィリアムズ症候群と呼ばれる人の遺伝病があります。ウィリアムズ症候群の人は飛びぬけて人懐こいという特徴があるのですが、犬の遺伝子にも似た変異が起きていることが明らかになっています。この変異によって犬は愛する能力を獲得したのかもしれません。

 タイリクオオカミ	 イエイヌ
デンプン処理能力 ㊀低	デンプン処理能力 ㊀高
肉食性	雑食性
人間との接触を避ける	人間との接触を求める
頭部は細くマズルが長い	頭部が幅広でマズルが短い
胸部が狭く左右の足を広げて立つ	胸部が広く足がまっすぐ下に伸びる
目の色は黄色か金	目の色は茶色か青
毛柄のバリエーション ㊀少	毛柄のバリエーション ㊀多
季節性繁殖（通常は年1回、冬に発情）	通年繁殖（通常は年2回繁殖）

10
(COLUMN)

イエイヌ起源の研究は日進月歩

いつイエイヌが生まれ人間とともに歩み始めたのか。先史時代のこのストーリーを探るには科学を駆使し、推理力を働かせるしかありません。おもな手がかりは2つ、遺骨のような考古学的資料と、現在生きている犬やオオカミです。また同じ資料をもとにしても、分析のしかたで結果が変わることがあります。

多くの証拠から犬が家畜化されたのは5万〜1万5000年前のあいだが濃厚とされますが、なかには13万5000年前とする説もあります。これは細胞内のミトコンドリアにあるDNA（mtDNA）を調べた研究。mtDNAは母系遺伝で、母親のものが連綿と受け継がれるという特徴があります。あなたとあなたの母親、母方の祖母のmtDNAはまったく同じです。では遥か昔の祖先も同じかというと、一部がちがいます。数万年という長い年月のうちにはミスコピーや突然変異も起こるからです。オオカミと犬のmtDNAは1％だけちがっており、その1％のちがいが生まれるには、計算上13万5000年かかるというのがこの説の根拠です。

世界のどこでイエイヌが誕生したかについても、P.24では東アジア説を紹介しましたが、ヨーロッパ説もありますし、複数の場所で同時多発した説や家畜化が始まったけれども行き止まりになった場所もある説など、諸説紛々としています。

新しい資料が発見されれば新しい分析ができるでしょうし、新しい科学分析法が生まれれば新たな発見があるでしょう。犬の起源を探る旅はこれからも続いていきます。

2

知るほど
おもしろい
犬種と遺伝

犬ほど品種が多い動物はいない

- ボルゾイ
- サモエド
- コーカシアン・シェパード
- セントラル・アジア・シェパード・ドッグ
- ロシアン・トイ

など

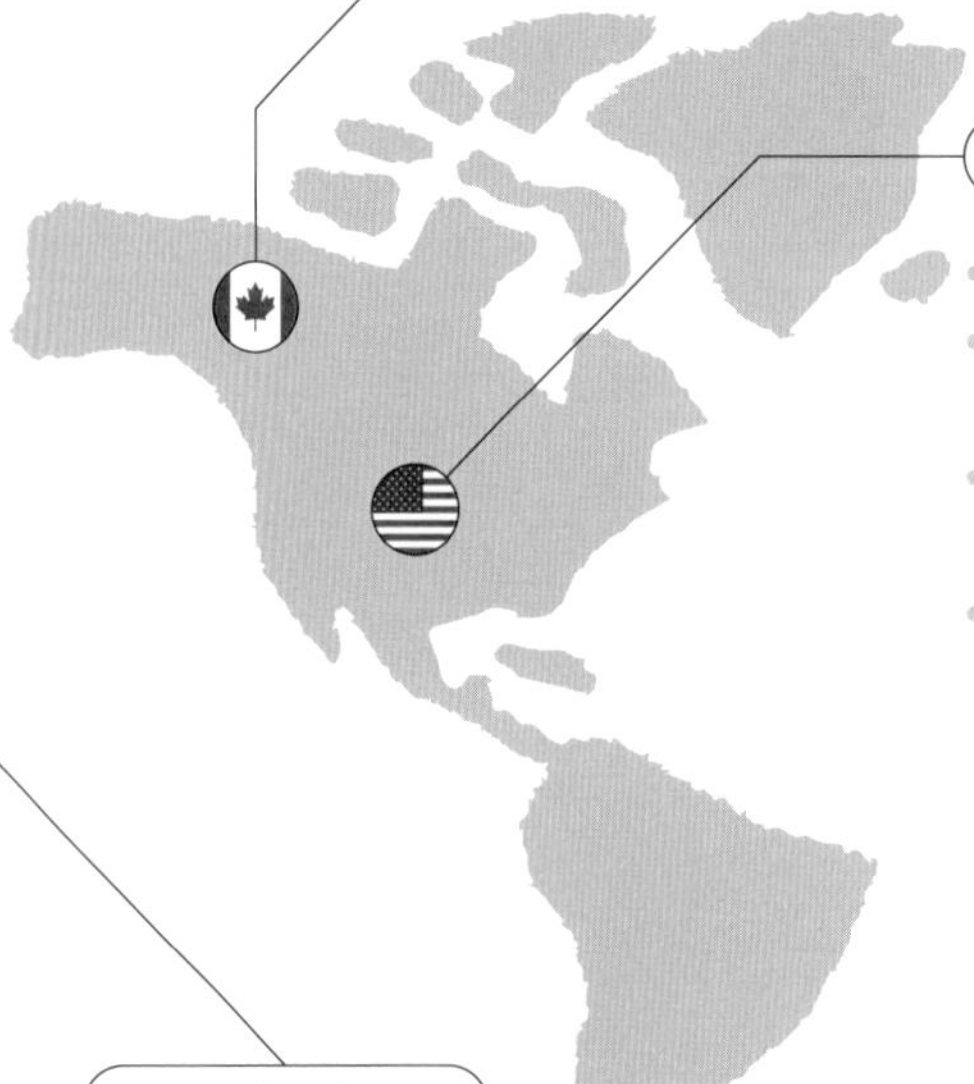

ロシア原産

カナダ原産

- ニューファンドランド
- ノヴァ・スコシア・ダック・トーリング・レトリーバー

など

アメリカ原産

- アラスカン・マラミュート
- アメリカン・コッカー・スパニエル
- アメリカン・スタッフォードシャー・テリア
- ボストン・テリア

など

日本原産

- 柴
- 秋田
- 紀州
- 北海道
- 甲斐
- 四国
- 土佐
- 狆

など

同種の家畜のなかで、容姿などの遺伝的特徴によって区別したものを品種といいます。柴、プードル、チワワなどが品種（犬種）名です。**ＦＣＩ（国際畜犬連盟）では２０２２年の時点で３５５の犬種を認定**しており、未公認を含めると８００に上る犬種があるとされています。これほど多い品種をもつ家畜は犬しかいません。

犬種の原産国MAP

- フレンチ・ブルドッグ
- プードル
- ビション・フリーゼ※
- パピヨン※
- ピレニアン・シープ・ドッグ
- グレート・ピレニーズ

など

※はフランスとベルギーが原産地。

- ボクサー
- ドーベルマン
- グレート・デーン
- ダックスフンド
- ジャーマン・シェパード・ドッグ
- ジャーマン・ピンシャー
- ワイマラナー

など

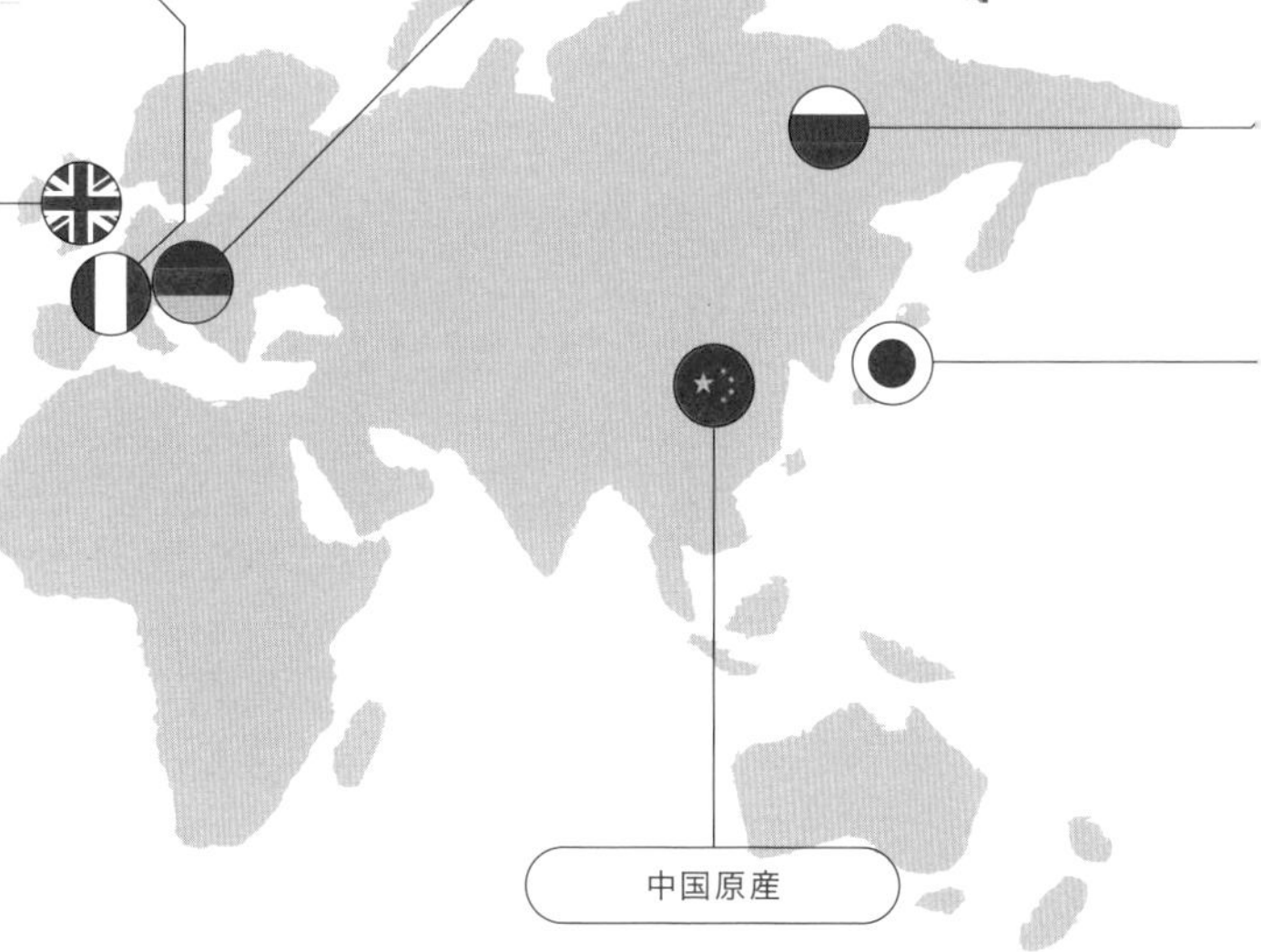
フランス原産
ドイツ原産
イギリス原産
中国原産

- イングリッシュ・コッカー・スパニエル
- イングリッシュ・セター
- ウェルシュ・コーギー・ペンブローク
- オールド・イングリッシュ・シープドッグ
- ボーダー・コリー
- スコティッシュ・テリア

など

- チャウ・チャウ
- ペキニーズ
- シー・ズー
- シャー・ペイ
- パグ
- チャイニーズ・クレステッド・ドッグ

など

12

大きさはまるでちがってもみんな同じ“イエイヌ”

犬ほど体格差の激しい動物もいないでしょう。世界最大の犬種はグレート・デーンといわれ、２０２４年現在、アメリカにいたゼウスという名のグレート・デーンが体高１・１ｍの世界記録をもっています。後ろ足で立つと２ｍをゆうに超え、散歩中はよく馬とまちがえられたそう。いっぽう、世界最小の犬種はチワワ。アメリカにいた

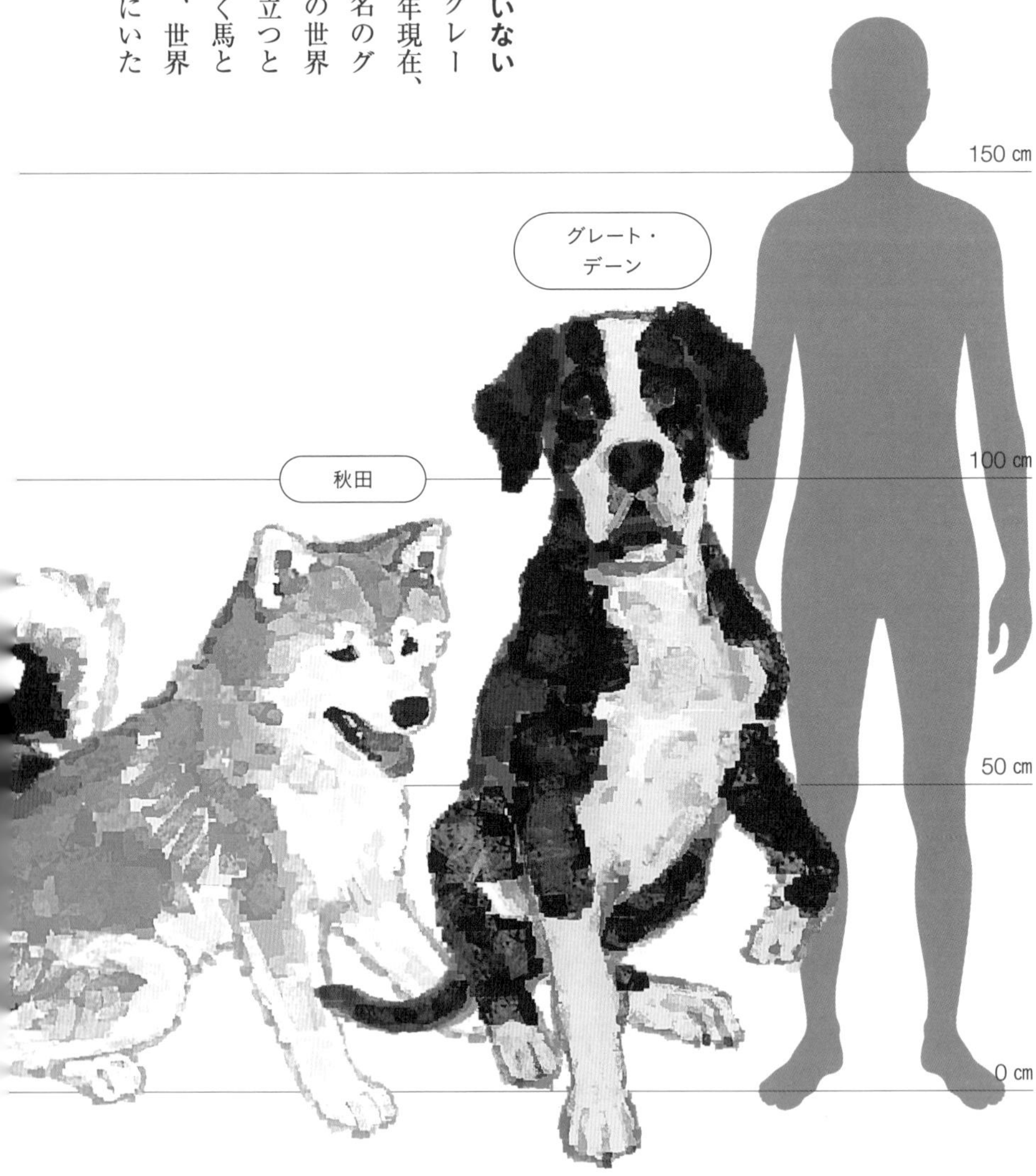

パールという名のチワワは、体高わずか9・1㎝のポケットサイズ。両者の体高差は約12倍、体重差は150倍以上になります。

体格や形態の差が激しいのは人間が用途に合わせて犬を品種改良をしてきたから。軍事用には大きくがっしりした犬を、巣穴にいる小型の獲物を狩るために胴長短足の犬を、室内での愛玩用に小型の犬を、というふうに多様な犬を作り出してきたのです。顔の造形や毛色なども好みに合うものを追求してきました。

体高と体長

犬の大きさの基準として体高と体長があります。体高は立った状態で地面から肩甲骨までの高さ（頭は含めない）。体長は胸からおしり（座骨）までの長さ（しっぽは含めない）を指します。犬種によっては胸囲をサイズの基準にするものもあります。

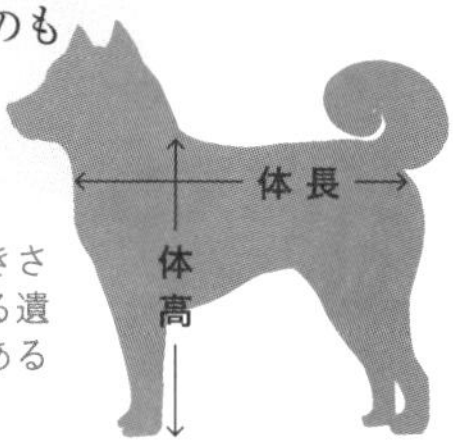

体長
体高

☞P.68 体の大きさを決める遺伝子がある

マスティフ
シベリアン・ハスキー
ミニチュア・ダックスフンド
チワワ
100 ㎝
50 ㎝
0 ㎝

13 犬種は10のグループに分けられる

FCI（国際畜犬連盟）はすべての犬種を役割等を基準に10のグループに分けています。現在では愛玩用に犬を迎える人が大半ですが、もとはさまざまな役割があったのです。

1 牧羊犬、牧畜犬

羊や牛などの家畜の群れを誘導したり、保護する役割の犬たち。

☞P.36

2 使役犬

番犬や護衛犬、救助犬などの働く犬たち。大型犬が多い。

☞P.39

3 テリア

キツネなど小型の獲物を狩るためにイギリスで作出された犬がルーツです。 ☞P.44

4 ダックスフンド

アナグマやウサギの巣穴に入るため胴長短足に改良された狩猟犬。ドイツ原産。 ☞P.46

5 原始的な犬、スピッツ

品種改良が少なく、原始的な特徴を残す犬たち。尖ったマズルと立ち耳をもちます。 ☞P.47

6 嗅覚ハウンド

すぐれた嗅覚の猟犬たち。獲物のにおいを嗅ぎ取ると吠えて猟師に知らせます。 ☞P.52

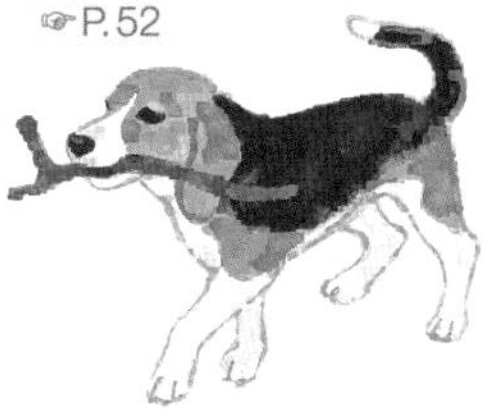

7 ポインター、セター

獲物を探し出し、獲物を見つけると止まって場所を指し示す猟犬たち。
☞P.54

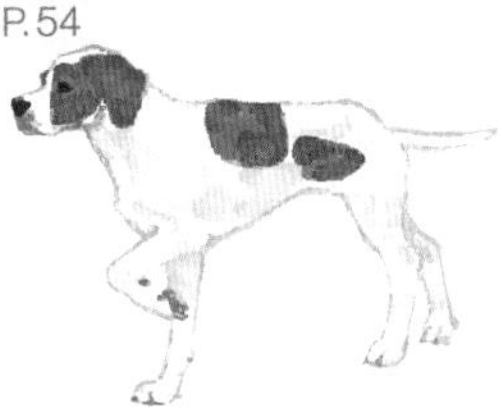

8 7以外の鳥猟犬

鳥を藪から追い出したり、撃ち落とした鳥を水に飛び込んで回収する役割の犬たち。 ☞P.56

9 愛玩犬

家庭でかわいがるための犬たち。ほかのグループに属す犬種を愛玩用に小型化したものも含まれます。

☞P.58

10 視覚ハウンド

目で見つけた獲物を走って追いかける猟犬たち。俊足のグループです。
☞P.62

※本書の犬種データは基本的にJKC、FCIに則ります。体高や体重に範囲のないものは理想とする数値です。JKC、FCIに記載のないデータは『ビジュアル犬種百科図鑑』(緑書房)を参考にしています。

犬種図鑑
GROUP
1

牧羊犬、牧畜犬

人類が農耕を始めるのと前後して羊やヤギの牧畜も始まりました。それら家畜を集めて誘導したりするのに犬が活躍しました。人のコマンドに従うことが得意で物覚えがよく機敏な犬たちです。

ボーダー・コリー

Border Collie

原産地：イギリス
体　高：オス　53㎝
　　　　メス　53㎝よりわずかに低い
体　重：12〜20㎏

最も作業能力が高いといわれる牧羊犬。コリーは牧羊犬、ボーダーは辺境という意味で、イングランドとスコットランドの国境付近で働く牧羊犬がルーツ。羊の群れをまとめるのにもいろいろなやり方がありますが、ボーダー・コリーは目のにらみで羊を動かす「Eye《アイ》」が得意。活発で作業が好きな犬種なので、退屈な日常は苦手。アジリティー（障害物競走）やドギー・ダンス（人と犬のダンス競技）でも活躍が多い犬種です。

☞P.84 牧羊犬が羊を集めるのは子育ての本能？

19世紀にいたオールド・ヘンプという名のボーダー・コリーはとても優秀な牧羊犬で、多くの酪農家がヘンプの子をほしがりました。現在のボーダー・コリーの多くはこの犬の血を引いているといわれます。

ウェルシュ・コーギー・ペンブローク

Welsh Corgi Pembroke

原産地：イギリス
体　高：25〜30㎝
体　重：オス　10〜12㎏
　　　　メス　9〜11㎏

エリザベス女王がこよなく愛し、自ら繁殖も行った犬種。イギリス南西部ウェールズ地域で活躍していた牧畜犬がルーツです。牛や羊などの家畜のかかとを噛んで歩かせる「Heeler《ヒーラー》」という役割を果たすのに低い体高はぴったりで、牛が後ろ蹴りをしたときも命中しないで済むといいます。胴長短足ですがアクティブで、アジリティーでも活躍しています。

牛にかじられないよう、しっぽは生まれてすぐに切る習慣がありましたが、最近では断尾せずしっぽが長いコーギーも見られます。

ジャーマン・シェパード・ドッグ

German Shepherd Dog

原産地：ドイツ
体　高：オス　60〜65㎝
　　　　メス　55〜60㎝
体　重：オス　30〜40㎏
　　　　メス　22〜32㎏

警察犬でおなじみの犬種ですが、もとは牧畜犬。家畜の群れのまわりを走って敷地内に収める「Tendi《テンディ》ng《ング》」という仕事をします。物覚えがよく従順で、警察犬のほか麻薬探知犬や救助犬、盲動犬など働く犬として世界中で活躍。ドイツで繁殖に使えるのは「服従」「足跡追跡」などの訓練競技をパスした犬だけという厳格な規定があります。

シェットランド・シープドッグ

Shetland Sheepdog

原産地：イギリス
体　高：オス　37cm
　　　　メス　35.5cm
体　重：6〜17kg

シェルティの愛称で親しまれる犬種。スコットランドの北東部に位置するシェットランド諸島で活躍していた牧羊犬です。従順でたくましく、美しい長毛も人気の理由。ちなみに昭和・平成時代にテレビドラマやアニメで放送された「名犬ラッシー」のモデルは、ラフ・コリーという近縁犬種です。

オールド・イングリッシュ・シープドッグ

Old English Sheepdog

原産地：イギリス
体　高：オス　61cm
　　　　メス　56cm
体　重：27〜45kg

まるで大きなぬいぐるみのようなこの犬は、イギリス南西部で家畜の護衛や運搬役として働いていた犬種。側対歩（同じ側の前足と後ろ足を出す歩き方）でゆったりと歩くのが特徴です。昔は羊といっしょにこの犬の毛も刈って糸に利用していたそう。現在でも毛を紡いでセーターなどを作る飼い主がいるといいます。

犬種図鑑
GROUP
2

使役犬

農場や放牧場を害獣から守る番犬や、荷車を引くなどの仕事をしていた犬のグループ。マスティフなど大型で屈強な犬が多いのが特徴です。

ブランデーの樽を首からぶら下げているイメージは後世に作られたもので事実とは異なります。

セント・バーナード

St. Bernard

原産地：スイス
体　高：オス　70〜90cm
　　　　メス　65〜80cm
体　重：59〜81kg

アルプスの山岳救助犬として活躍していた犬種。グラン・サン・ベルナール峠では旅人がよく遭難しており、遭難の知らせが入ると救護所である修道院から救助犬が放たれ、遭難者を捜索したり寄り添って温める仕事をしていました。バーナードとは「熊のように強い」という意味で、その名の通り超大型犬ですが気質は穏やかです。

この犬種を有名にした名犬バリー。14年間で40人以上を救助したといいます。遭難していた少年の顔をなめて意識を回復させ、背中に乗せて連れ帰ったなどの逸話が残っています。

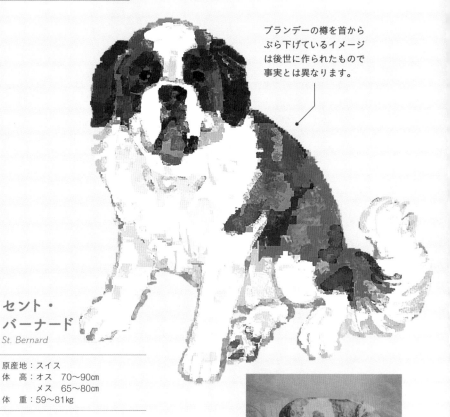

バーニーズ・マウンテン・ドッグ

Bernese Mountain Dog

原産地：スイス
体　高：オス　64〜70㎝
　　　　メス　58〜66㎝
体　重：32〜54kg

スイス・ベルン州の山岳で農場の番をしたり、ミルク缶やチーズを乗せた荷車を引いていた犬種。毛柄は一種類のみで、現地では黄色い頬を表す「Gelbbacker《ゲルブベッカー》」とも呼ばれていました。現代でも農場の番犬や捜索救助犬として活躍しています。現地で「Sennenhund《ゼネンフンド》」（スイスの山犬）と呼ばれる犬は4種おり、そのなかで最も有名なのがこの犬種です。

マスティフ

Mastiff

原産地：イギリス
体　高：70〜77㎝
体　重：79〜86kg

体重100kg以上の個体もいる超大型犬。筋骨隆々の体で番犬や家畜の護衛犬として働き、闘犬にも使われました。古代ギリシャ、古代ローマの彫刻などにマスティフそっくりな犬の姿が見られ、ほかの犬種でも似た体格は「マスティフ・タイプ」と表現されます。

1900年ごろの写真。マスティフの大きさがよくわかります。

大型の獲物の狩猟に適した力強さとスピードをもちます。

グレート・デーン

Great Dane

原産地：ドイツ
体　高：オス　80cm以上
　　　　メス　72cm以上
体　重：46〜54kg

犬界のアポロ神という異名をもつ、最も体高が大きい犬種。マスティフ・タイプで（右ページ）、1歳を過ぎても成長が止まらず、体が完成するのは2〜3歳ごろ。熊や猪の狩猟に使われた歴史がありますが、ドイツでは家庭犬としても人気があります。ドイツでは「Deutsche《ドイチェ》 Dogge《ドッゲ》」（ドイツの犬）と呼ばれています。

グレート・ピレニーズ

Great Pyrenees

原産地：フランス
体　高：オス　70〜80cm
　　　　メス　65〜75cm
体　重：40〜50kg

フランスのピレネー山脈で熊やオオカミから家畜を護ったり、城の番犬として働いていた犬。現地では「Le《ル》 Patou《パトゥ》」（羊飼い）とも呼ばれていました。家畜を襲う野生動物と見分けやすくするため、白っぽい毛色が好まれたといいます。単独で番をする仕事をしていたため自立心が旺盛。ピレニアン・マウンテン・ドッグともいいます。

分厚くて長い被毛は抜け毛も多く、ブラッシングが必須。

赤褐色のタン・マーキングが目の上や胸、足にあります(P.77、78)。

ドーベルマン
Dobermann

原産地：ドイツ
体　高：オス　68〜72cm
　　　　メス　63〜68cm
体　重：オス　40〜45kg
　　　　メス　32〜35kg

警察犬としておなじみの犬種。この犬種を最初に繁殖したルイス・ドーベルマン氏は税金取り立て人で、大金を持ち歩く自分の護衛用にこの犬種を作出したといいます。訓練しやすく軍用犬としても活躍しています。

ミニチュア・ピンシャー
Miniature Pinscher

原産地：ドイツ
体　高：25〜30cm
体　重：4〜6kg

農場でネズミ狩りや番犬として働いていた犬。活発で頭の回転が速く、前足を高く上げ飛び跳ねるような独特の歩き方をします。

ミニチュア・シュナウザー
Miniature Schnauzer

原産地：ドイツ
体　高：30〜36cm
体　重：4〜8kg

農場でネズミ狩りに使われていた犬種。シュナウザーはドイツ語でマズルの意味で、長い髭のように見えるマズルの毛が特徴です。

シャー・ペイ

Shar-Pei

原産地：中国
体　高：44～51㎝
体　重：18～25㎏

家畜の追い立てや護衛、狩猟、闘犬などに使われた犬種。漢字では「砂皮」と書き、シワの多い皮膚と剛毛を表します。20世紀に個体数が激減し絶滅しかけましたが、アメリカで人気が高まり危機を脱しました。

たるんだ皮膚は闘犬の際、相手が噛みつきづらいというメリットがありました。

土佐

Tosa

原産地：日本
体　高：オス　60㎝以上
　　　　メス　55㎝以上
体　重：37～90㎏

高知県で戦国時代から続く闘犬に使われた犬種。ジャパニーズ・マスティフとも呼ばれます。明治以降、ブルドッグやマスティフなどの洋犬と掛け合わされ、より強く大きい犬になっています。

ブルドッグ

Bulldog

原産地：イギリス
体　高：38～40㎝
体　重：オス　25㎏
　　　　メス　23㎏

中世のイギリスでブル・ベイティング（牛いじめ）という見世物に使われた犬種。頑丈な顎や、噛みついたままでも息ができる平たいマズルはそのため。イギリスでは粘り強さの象徴とされています。

※ブル・ベイティングは19世紀に禁止されています。

犬種図鑑
GROUP
3

テリア

イギリスで作られた狩猟犬がルーツ。キツネやアナグマの巣穴にもぐり込みやすい小柄な体型と短い足をもちます。ラテン語のTella（テラ／大地、地面）が名前の由来。

ジャック・ラッセル・テリア

Jack Russell Terrier

原産地：イギリス
体　高：25〜30㎝
体　重：5〜6㎏

19世紀にジョン・ラッセル牧師が作出したキツネ狩り用の犬種。農場ではネズミ捕り役としても活躍しました。イギリスでは乗馬のともをする犬としても知られ、乗馬界のマスコット的存在でもあります。現在でもイギリスでこの犬種を繁殖しているクラブでは容姿よりも狩りの能力を重視しています。

ヨークシャー・テリア

Yorkshire Terrier

原産地：イギリス
体　高：20〜23㎝
体　重：3.2㎏以内

ヨーキーの愛称で知られる人気犬種。産業革命のころ、スコットランドの労働者が羊毛工場に出稼ぎに来たときに連れて来た地元のテリアがルーツといわれます。チワワと並ぶ小ささで愛らしく、愛玩犬として人気を博しました。伸び続ける絹毛は美しく、「動く宝石」と呼ばれます。

エアデール・テリア
Airedale Terrier

原産地：イギリス
体　高：オス　58〜61㎝
　　　　メス　56〜59㎝
体　重：18〜29㎏

テリアなのに足長で、「テリアの王様」と呼ばれます。テリアとハウンドを掛け合わせて作られた犬種で、イギリスのエア渓谷でカワウソなどの狩猟に使われました。川岸で仕事をしたためウォーターサイド・テリアとも呼ばれます。警察犬や捜索犬、軍用犬としても活躍しています。

ブル・テリア
Bull Terrier

原産地：イギリス
体　高：53〜56㎝
体　重：23〜32㎏

のっぺりとした顔に小さい目がなんともユニーク。顔の皮膚は余裕がなく、ぴったりと張りついているため表情の変化は少ない犬種です。もともとはブルドッグと同様にブル・ベイティング(P.43)をしていた犬で、闘争心の激しい性格でしたが、現代では穏やかな気質に作り替えられています。ひとまわり小さいミニチュア・ブルテリアもいます。

犬種図鑑
GROUP
4

ダックスフンド

ドイツでアナグマ猟のために作られた胴長短足犬。巣穴の中で獲物を見つけたら、吠えて場所を知らせます。このグループはこの一種のみです。

胴長なので腰に負担がかかりやすく、椎間板ヘルニアなどを起こしやすい。

毛質は短毛、長毛、ワイヤーヘアなどさまざまあります。

ダックスフンド
Dachshund

原産地：ドイツ
胸　囲：スタンダード/オス　37～47㎝
メス　35～45㎝
ミニチュア/オス　32～37㎝
メス　30～35㎝
カニーヘン/オス　27～32㎝
メス　25～30㎝

※ダックスフンドのサイズは胸囲が基準。獲物の巣穴に入れるかどうかが重要なためです。

3グループのテリアが巣穴から獲物を追い出すのに対して、ダックスフンドは巣穴の中で獲物に吠えたて猟師に場所を知らせます。猟師は犬の声を目印に地上からシャベルで獲物を仕留めるという狩猟スタイル。北欧では鹿狩りにも使われます。足長で俊足のハウンド犬に鹿を追わせると鹿がパニックを起こすため、動物倫理の観点から禁止され、そこまで足が速くないダックスフンドに仕事が回ってきたという経緯です。

犬種図鑑
GROUP
5

原始的な犬、スピッツ

アジアやシベリア、北欧などで品種改良をほとんどされずに生きてきた、原始的な血を多く残す犬たち。立ち耳に尖ったマズルをもち、性格は頑固です。

青い目やオッドアイ（片目が青で片目が黄）が多いのも特徴です。

シベリアン・ハスキー

Siberian Husky

原産地：アメリカ
体　高：オス　53.5〜60㎝
　　　　メス　50.5〜56㎝
体　重：オス　20.5〜28㎏
　　　　メス　15.5〜23㎏

シベリア北東部の原住民・チュクチ族のそり犬だった犬種。遠吠えする声がしわがれることからハスキーと名づけられました。この犬種が有名になったのは1925年、アラスカの町ノームが感染症の大流行に脅かされたとき。ほかの輸送手段が使えないなか、ハスキーの犬ぞりが1,000㎞以上を走って血清《けっせい》を町に届け、人々の命を救いました。

☞P.182　感染症による大量死を阻止した犬ぞりチームがいた

バセンジー

Basenji

原産地：アフリカ
体　高：オス　43cm
　　　　メス　40cm
体　重：オス　11kg
　　　　メス　9.5kg

アフリカのピグミー族が昔から番犬や狩猟に使っていた犬で、最も原始的な犬らしさを残す犬種のひとつ。名前はコンゴ地方の「村人の犬」という意味です。咽頭がほかの犬とちがった作りでほとんどワンとは吠えず、代わりにヨーデルのような遠吠えをします。他人になかなか気を許さないのも、このグループの犬種共通の特徴です。

☞P.148　オオカミに近い犬種ほどよく遠吠えする反面、ワンと鳴かなくなる

サモエド

Samoyed

原産地：ロシア
体　高：オス　57cm
　　　　メス　53cm
体　重：16〜30kg

シベリアの遊牧民・サモエド族がトナカイの牧畜犬や犬ぞりに使っていた犬種。極寒のなかを耐えられる分厚い被毛をもちます。イギリスの北極探検家がロシアでこの犬に出会い、故郷に連れ帰ったことでその存在が知られました。

サモエド族の古い写真。いっしょにいる犬は、サモエドらしき白い長毛犬です。

チャウ・チャウ

Chow Chow

原産地：中国
体　高：オス　48〜56cm
　　　　メス　46〜51cm
体　重：21〜32kg

中国で家畜の護衛や鳥猟、そりを引く犬として使われていた犬で、食用にもされています。現地では「鬆獅《スンシー》犬《チャン》」（ふわふわのライオン犬）と呼ばれていました。19世紀にイギリスに持ち込まれ、ビクトリア女王が飼ったことで人気に。精神分析学者のフロイトはこの犬種をセラピー犬として使いました。

☞P.174「犬」という漢字に見る中国の犬文化

紫色の舌をした不思議な犬としてヨーロッパに紹介されました。

たてがみのような首まわりの長い被毛と、背中に掲げるフサフサのしっぽで、どの角度から見ても丸いシルエット。

ポメラニアン

Pomeranian

原産地：ドイツ
体　高：18〜24cm
体　重：2〜3kg

ドイツ北東部のポメラニア地方にいた大きめのスピッツが19世紀にイギリスで改良され、ビクトリア女王好みの小型犬になりました。愛玩犬として親しまれていますが、スピッツだけに自己主張が激しく吠えると止まらない一面も。オレンジの毛色が有名ですが、白や茶、黒、グレーなどの毛色もあります。

柴

Shiba

原産地：日本
体　高：オス　38〜41cm
　　　　メス　35〜38cm
体　重：7〜11kg

日本海に面した山岳地方で古くから狩猟犬や番犬として活躍していた犬種。ほかの日本犬と比べて体型がコンパクトなこともあり、日本犬のなかでは一番の人気を博しています。背の低い雑木である柴が名前の由来。枯れた柴に毛色が似ているからという説もあります。日本の天然記念物。

☞P.80 オオカミに最も近いのは柴犬

甲斐

Kai

原産地：日本
体　高：オス　50cm
　　　　メス　45cm
体　重：11〜25kg

甲斐地方（山梨県）の狩猟犬だった犬。飼い主に忠実で他人には心を開かない性格は「一代一主」という言葉で表現されます。黒と赤茶の虎毛（縞）も特徴。日本の天然記念物です。

秋田

Akita

原産地：日本
体　高：オス　67cm
　　　　メス　61cm
体　重：34〜45kg

忠犬ハチ公で一躍有名になった犬種。秋田県で鹿や熊の狩猟に使われていた犬種です。家族への忠誠心が強いぶん、他人に対する警戒心が強い面も。第二次世界大戦後、米軍がアメリカに連れ帰った秋田犬は独自の発展を遂げ、「アメリカン・アキタ」という別犬種となっています。日本の天然記念物。

☞P.200 渋谷のハチ公は生前から人気だった

四国

Shikoku

原産地：日本
体　高：オス　52㎝
　　　　メス　49㎝
体　重：16〜26㎏

高知県の山岳地方で狩猟犬や番犬として活躍した犬。獲物を追って山を駆け回っていただけに身軽で運動好きです。独特の「胡麻」と呼ばれる毛色は根元が赤、毛先は黒の毛から生まれます。日本の天然記念物。

紀州

Kishu

原産地：日本
体　高：オス　52㎝
　　　　メス　49㎝
体　重：13〜27㎏

紀州（和歌山県〜三重県）の山岳地方で猪猟に使われていた犬。赤茶や虎毛、ブチ模様の毛色もありましたが、白い毛色に人気が集まったことから白が主流になっています。日本の天然記念物。

北海道

Hokkaido

原産地：日本
体　高：オス　48.5〜51.5㎝
　　　　メス　45.5〜48.5㎝
体　重：20〜30㎏

ソフトバンクのCMでおなじみの犬。北海道でアイヌ民族の狩猟犬や番犬として使われていました。いまでも北海道の獣猟競技会では熊に対する勇気をテストされます。日本の天然記念物。

日本スピッツ

Japanese Spitz

原産地：日本
体　高：オス　30〜38㎝
　　　　メスはオスよりやや小さい
体　重：5〜10㎏

純白の毛色が美しいスピッツ。1950年代に日本で一大ブームを起こし、現在は日本よりも海外で人気があります。よく吠える習性は訓練しだいで抑えられます。

犬種図鑑
GROUP
6

嗅覚ハウンド

Hound（ハウンド）とは獲物を追う犬のこと。獲物のにおいを嗅ぎ取ると吠えて猟師に伝えます。ほかの狩猟犬にはない行動パターンは選択育種のたまもの。

ビーグル

Beagle

原産地：イギリス
体　高：33〜40cm
体　重：9〜11kg

うさぎ狩りで活躍した小型の狩猟犬。獲物に近づくと吠え声のトーンを変え、猟師はそれを聞き分けながら狩りを行います。1950年代から人気のキャラクター・スヌーピーはビーグルであることからもわかるように、愛玩犬としても人気。名前はケルト語の「Beag《ビーグ》」（小さい）に由来します。

バセット・ハウンド

Basset Hound

原産地：イギリス
体　高：33〜38cm
体　重：18〜27kg

長く垂れ下がった耳と困ったような顔が特徴。「Bas《バー》」はフランス語で「低い」という意味で、足が短くて体高が低く、歩行が遅く、徒歩でうさぎ狩りをする猟師にはぴったりでした。地面を嗅ぐときに長い耳が下についてにおいを舞い立たせ、においの探知に役立つといいます。

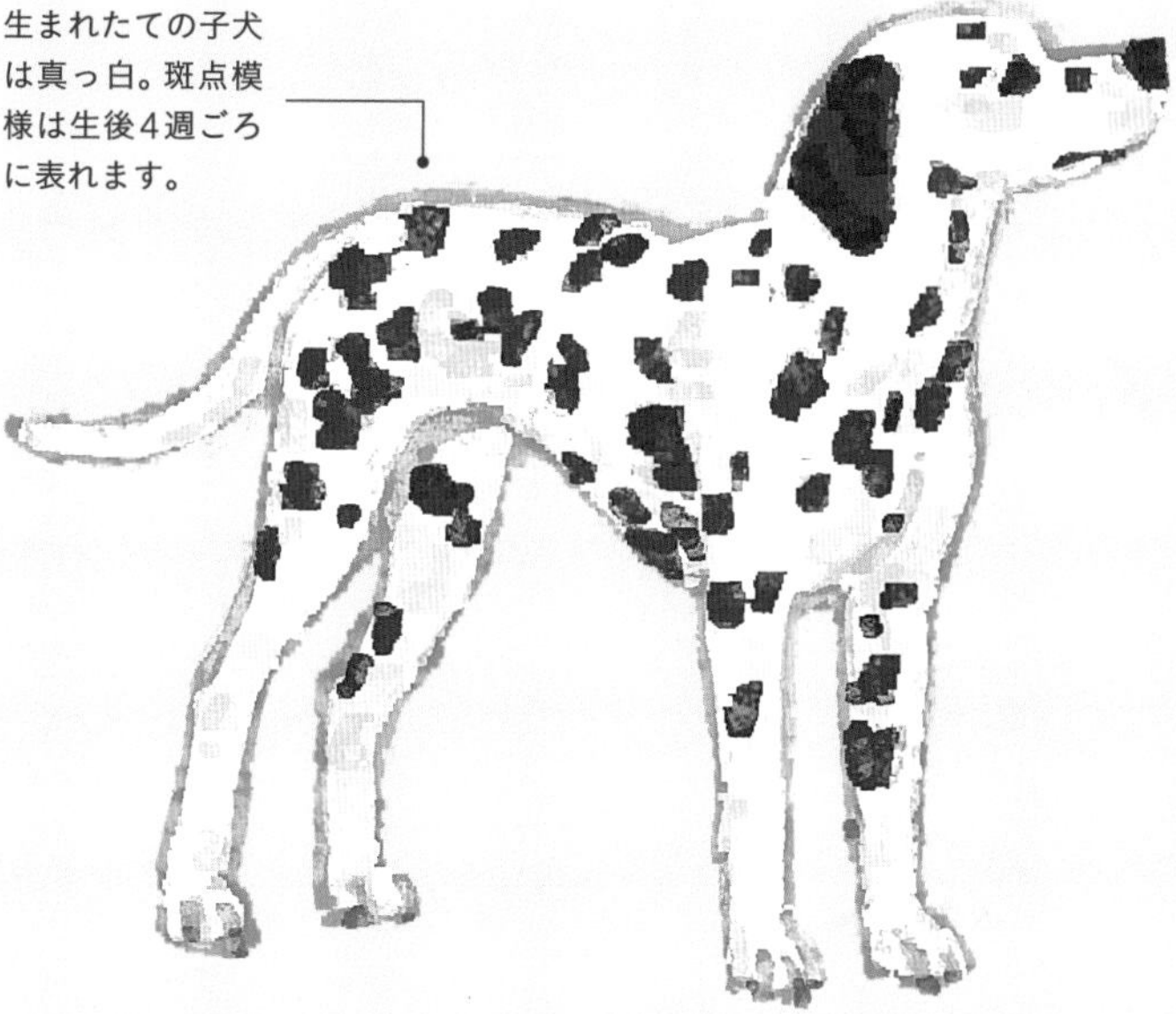
生まれたての子犬は真っ白。斑点模様は生後4週ごろに表れます。

ダルメシアン

Dalmatian

原産地：クロアチア
体　高：オス　56〜61㎝
　　　　メス　54〜59kg
体　重：オス　27〜32kg
　　　　メス　24〜29kg

ディズニー映画にもなった『101匹わんちゃん』の主役はこの犬。美しい斑点模様が特徴です。18〜19世紀のヨーロッパでは貴族の馬車に並走し、野良犬や泥棒から馬車を護る役目をしていました。アメリカでは馬が引く消防車といっしょに走り、吠えて道を空ける仕事をしていたので、消防署のマスコットにもなっています。

嗅覚のするどさから「犬の体がついた鼻」という異名があります。

ブラッドハウンド

Bloodhound

原産地：ベルギー
体　高：オス　68㎝
　　　　メス　62㎝
体　重：オス　46〜56kg
　　　　メス　40〜48kg

嗅覚ハウンドの代表的存在で、鹿や猪狩りに使われていました。中世から人の足跡を追う追跡犬としても活躍し、行方不明者や犯罪者を発見した逸話も多々。Blood《ブラッド》（血）は獲物の血を追うという意味や、正しい血統という意味があるといいます。

犬種図鑑
GROUP
7

ポインター、セター

銃を使った猟に使われた犬（ガン・ドッグ）。獲物を見つけたら静かにPoint（獲物に向かった姿勢で片方の前足を上げる）、またはSet（伏せ）の動作をして猟師に知らせます。

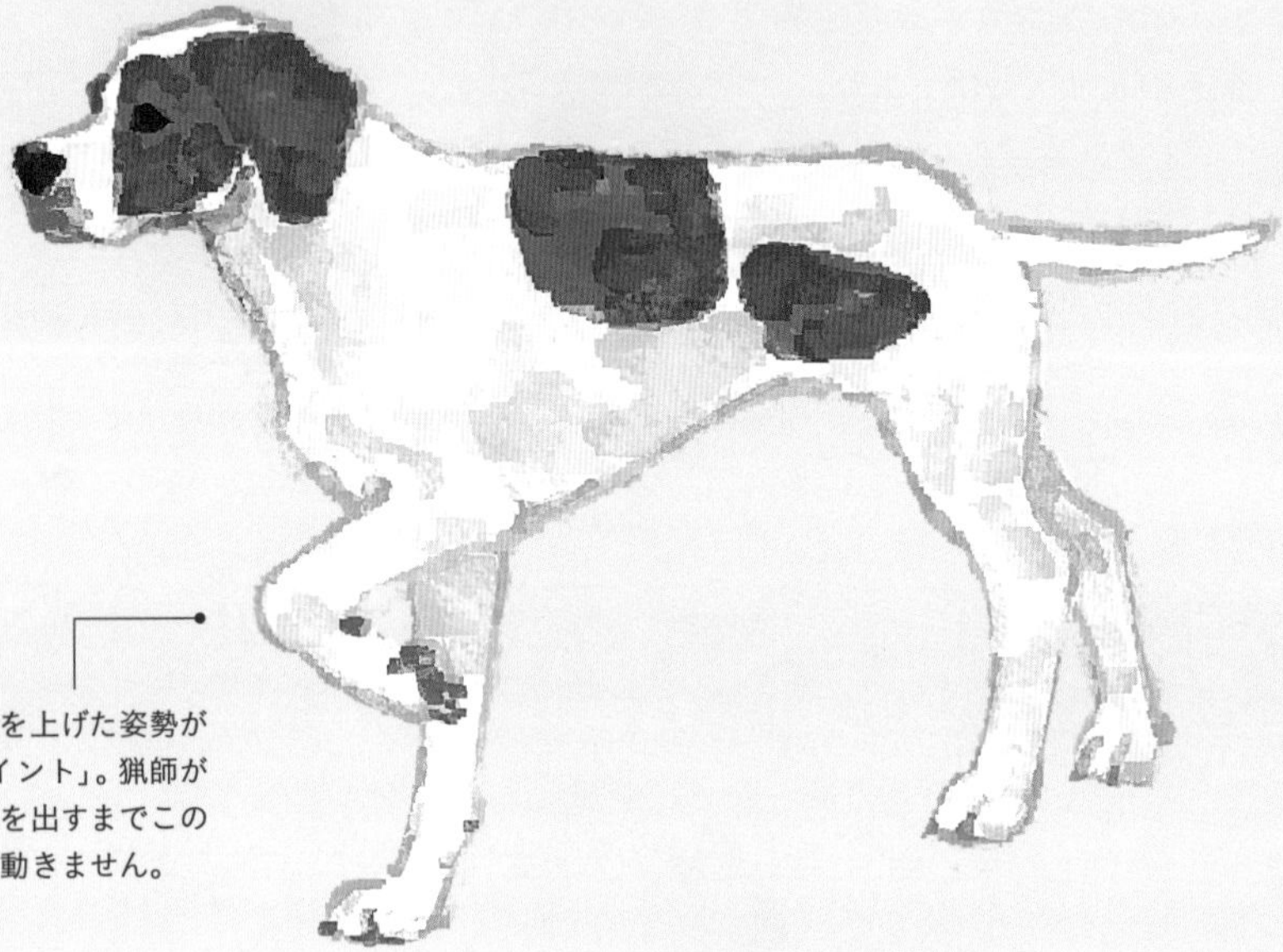

前足を上げた姿勢が「ポイント」。猟師が合図を出すまでこのまま動きません。

イングリッシュ・ポインター

English Pointer

原産地：イギリス
体　高：オス　63〜69cm
　　　　メス　61〜66cm
体　重：20〜34kg

1650年ごろからイギリスでの銃猟に使われた犬。空気中に漂うにおいを検知する能力に長けているといいます。イングリッシュ・ポインターが指し示したうさぎをグレーハウンド(P.62)が追いかけるなど、役割分担をして狩猟を行っていました。

隠れているキジを指し示すポインター犬。1724年作の絵画。

ワイマラナー
Weimaraner

原産地：ドイツ
体　高：オス　59～70㎝
　　　　メス　57～65㎝
体　重：オス　30～40㎏
　　　　メス　25～35㎏

ワイマール貴族が狩猟に使っていた犬。多くの役割をこなすオールラウンダーで、HPR（Hunt/Point/Retrieve）と呼ばれます。シルバーグレーの毛色が特徴。

そっと忍び寄ることとその毛色から「Grey Ghost」（グレーゴースト／灰色の幽霊）の異名があります。

イングリッシュ・セター
English Setter

原産地：イギリス
体　高：オス　65～68㎝
　　　　メス　61～65㎝
体　重：25～30㎏

セター犬のなかで最古といわれる犬種で、現在でも狩猟に使われます。ウェーブがかかった長い被毛に「ベルトン」と呼ばれる小さな斑模様が特徴。

セターがポイントの動作をすることもあります。

アイリッシュ・セター
Irish Setter

原産地：アイルランド
体　高：オス　67㎝
　　　　メス　62㎝
体　重：27～32㎏

アイルランドの田舎で鳥猟や番犬に使われていた犬。チェストナット（栗色）と呼ばれる赤茶の絹毛が特徴で、ディズニー映画『ビッグ・レッド』で有名になりました。

犬種図鑑
GROUP
8

7以外の鳥猟犬

銃猟に使うガン・ドッグで、藪の中に入って鳥を飛び立たせたり、銃で撃ち落とした鳥を回収する働きをする犬たち。人との密接なコミュニケーションが得意で、災害救助犬や麻薬探知犬、セラピー犬としても活躍しています。

毛色はイエローやブラック、チョコレートがあります。

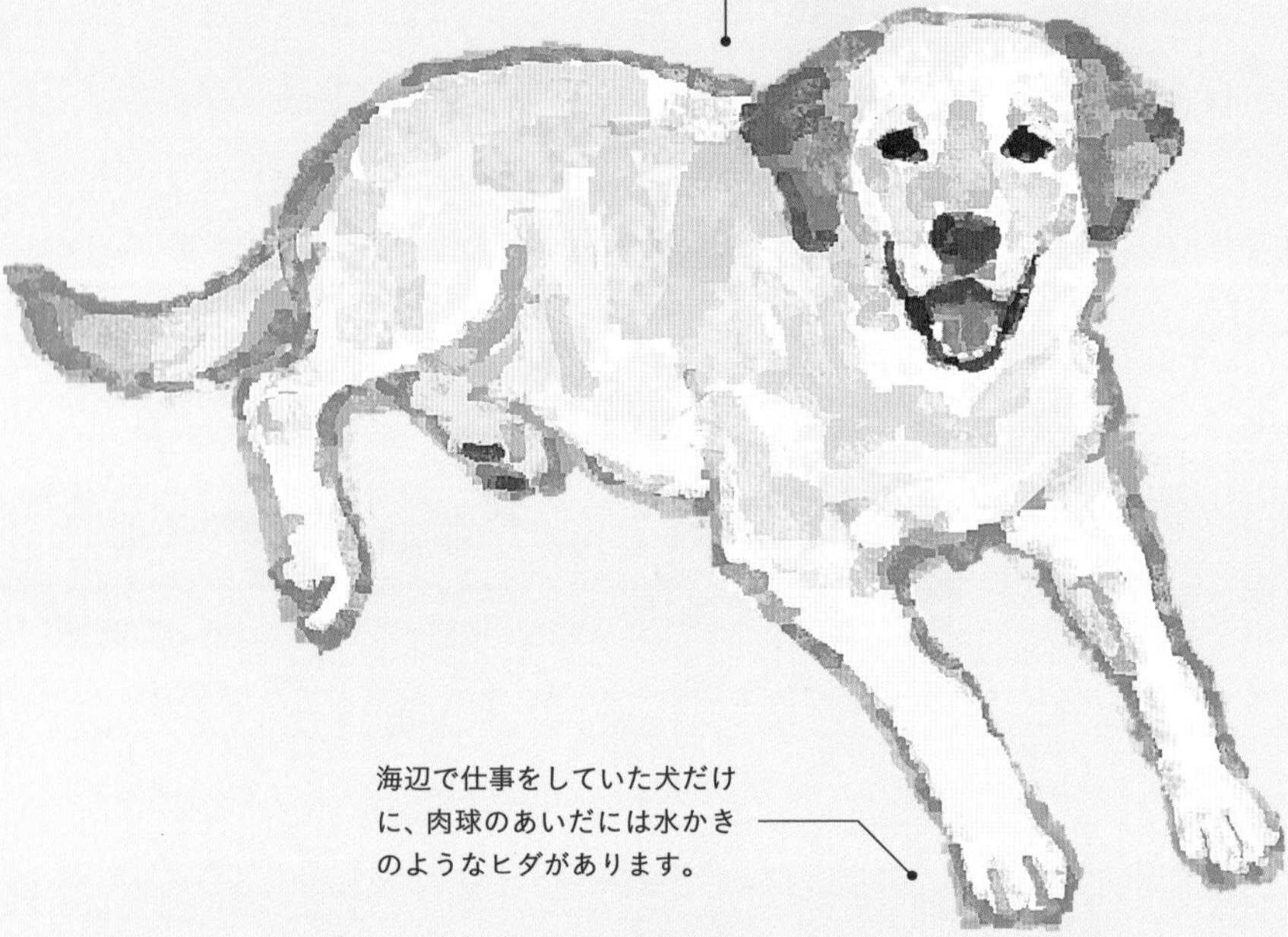

海辺で仕事をしていた犬だけに、肉球のあいだには水かきのようなヒダがあります。

ラブラドール・レトリーバー
Labrador Retriever

原産地：イギリス
体　高：オス　56〜57cm
　　　　メス　54〜56cm
体　重：25〜37kg

Retrieve《レトリーブ》は「回収する」という意味。カナダ東部のニューファンドランド州にいた黒い犬がルーツといわれます。この犬は猟師といっしょに漁網を引いたり、逃げた魚を回収する仕事をしており、被毛は耐水性でした。イギリスでの銃猟でも活躍し、撃った獲物を回収する仕事を務めました。穏やかな気質で盲導犬や介助犬としても引っ張りだこです。

☞P.158　最新の研究によれば大型犬の1歳は人の31歳⁉

獲物を運ぶときにそっとくわえる(Soft Mouth／ソフトマウス)ことも特徴です。

ゴールデン・レトリーバー

Golden Retriever

原産地：イギリス
体　高：オス　56〜61㎝
　　　　メス　51〜56㎝
体　重：25〜34㎏

19世紀、撃ち落とした鳥を回収するのは初期のラブラドールのような黒い犬であるべきという通説があり、黄色い毛色の犬が生まれても繁殖から除外されていました。それに反発したスコットランドの貴族がこの犬種を作出。いまではラブラドールも黄色の被毛がメジャーになっています。ラブラドール同様、盲導犬や介助犬として活躍しています。

アメリカン・コッカー・スパニエル

American Cocker Spaniel

原産地：アメリカ
体　高：オス　38.1㎝
　　　　メス　35.6㎝
体　重：7〜14㎏

藪から鳥を追い出すスパニエルの一種。散歩のときにジグザグに歩くのは隠れた獲物を探そうとする習性の名残りといわれます。コッカーはヤマシギ、スパニエルは「スペインの」という意味ですが、実際にはスペインとは無関係のよう。ディズニー映画『わんわん物語』のヒロイン・レディはこの犬種です。

犬種図鑑
GROUP
9

愛玩犬

作業犬ではなく、単純にかわいがるために作られた犬たち。小型犬が多く、「膝犬」「抱き犬」とも呼ばれます。紀元前から人は自分好みの容姿をもつ犬を作出してきました。

1900年ごろのブリーダーの女性とプードル。ヘアスタイルがそっくり。

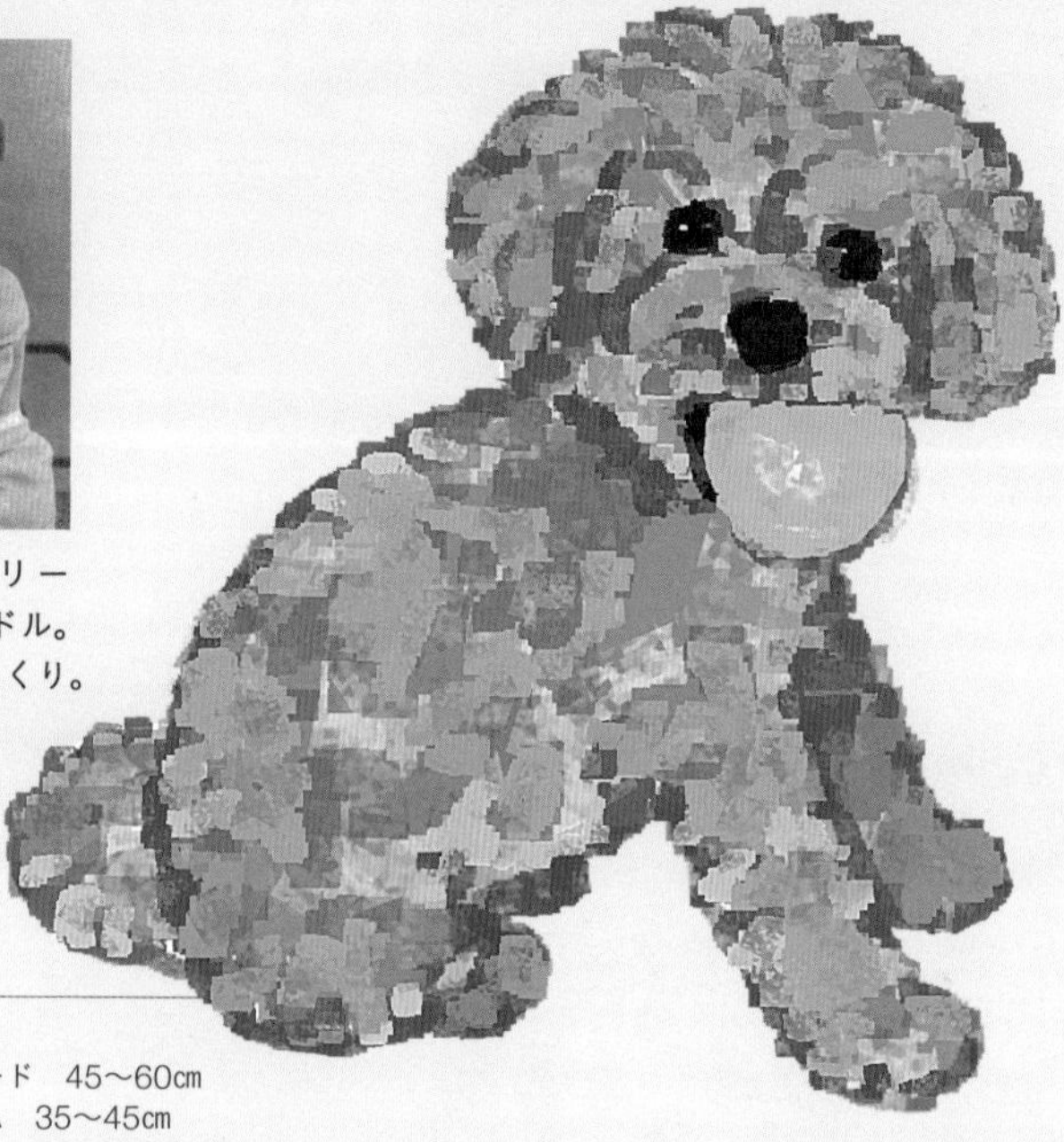

プードル
Poodle

原産地：フランス
体　高：スタンダード　45〜60cm
ミディアム　35〜45cm
ミニチュア　28〜35cm
トイ　24〜28cm

もとは鴨猟に使われた犬で、銃で撃った鴨を水に入って回収する仕事をしていたので8のグループでもおかしくありませんが、FCIでは愛玩犬のグループに分類されています。トリミングでさまざまにスタイルを変えられるプードルは芸術性もあり、中世フランス貴族のあいだで人気となりました。小型のプードルは18世紀、サーカスで芸をする犬としても活躍。物覚えのよさとかわいらしさで人気を集めています。小型犬のトイから大型犬のスタンダードまでサイズが分かれています。

一部を短く刈るカット・スタイルは本来、水の中で作業しやすくするためのものです。

チワワ

Chihuahua

原産地：メキシコ
体　高：15〜23㎝
体　重：1〜3㎏

世界最小クラスの犬種。メキシコ・チワワ州で古くから食用や宗教的儀式の生贄にされていた「テチチ」という小型犬がルーツです。体は小さくとも活発で俊敏。気が強く、自分より大きな相手に威嚇することもしばしばです。

マルチーズ

Maltese

原産地：中央地中海沿岸地域
体　高：オス　21〜25㎝
　　　　メス　20〜23㎝
体　重：3〜4㎏

純白に輝く長毛をもつ小型犬に、昔から人々は魅了されてきたようです。古代ギリシャの遺跡にもマルチーズに似た小型犬が見て取れますし、かのアリストテレスに「完璧な小型犬」と言わしめたという逸話も。ルネッサンス時代の婦人の肖像画にもこの犬種が多く見られます。

シー・ズー

Shih Tzu

原産地：チベット（中国）
体　高：27㎝以下
体　重：4.5〜8㎏

名前は中国語で「小さなライオン」という意味。中国の皇帝に献上されたチベット原産の小型犬がルーツといいます。中国では聖獣として大事にされ、西太后もこの犬をたくさん飼っていました。

キャバリア・キング・チャールズ・スパニエル

Cavalier King Charles Spaniel

原産地：イギリス
体　高：30〜33㎝
体　重：5.4〜8㎏

鳥猟犬であるスパニエル種を小型化した犬種。愛称は「キャバリア」。イングランド王チャールズ2世がこの犬を溺愛したため名を冠しています。王は公務を果たすよりもこの犬と遊んでいることが多かったそうです。

パピヨン

Papillon

原産地：フランス／ベルギー
体　高：28㎝以下
体　重：2〜5㎏

名前はフランス語で蝶の意味。長い飾り毛のある立ち耳が蝶の羽のように見えるからです。17〜18世紀にフランスの宮廷で愛玩犬としてもてはやされました。ちなみに垂れ耳タイプはファレーヌ（フランス語で蛾）と呼ばれます。

☞P.179　フランス宮中ではパピヨンが人気を博した

ビション・フリーゼ

Bichon Frise

原産地：フランス／ベルギー
体　高：25〜29㎝
体　重：5㎏

ビションはフランス語で小型犬、フリーゼは巻き毛という意味。地中海の島にいた小型犬です。アフロヘアのようなトリミング・カットは1960年代にアメリカのジャッジが考案したもので、この犬種を一躍有名にしました。

フレンチ・ブルドッグ

French Bulldog

原産地：フランス
体　高：オス　27〜35cm
　　　　メス　24〜32cm
体　重：オス　9〜14kg
　　　　メス　8〜13kg

立ち耳の鼻ぺちゃ犬。19世紀、小型のブルドッグがイギリスからフランスに渡り、多犬種の血が入って立ち耳になったといわれます。ロートレックの絵画にも登場します。

ボストン・テリア

Boston Terrier

原産地：アメリカ
体　重：6.8kg未満/6.8〜9kg/9〜11.35kg
　　　　の3つに分類される

アメリカのボストンでブルドッグやテリアを掛け合わせて作られた犬種。先の尖った立ち耳をもちます。タキシードを着たような模様から「アメリカ犬界の紳士」と呼ばれます。

パグ

Pug

原産地：中国
体　高：25〜28cm
体　重：6.3〜8.1kg

中国産の鼻ぺちゃ犬。くるんと巻いたしっぽが愛嬌たっぷり。日本では1980年代、映画『子猫物語』でこの犬種のブームが起こりました。

ペキニーズ

Pekingese

原産地：中国
体　高：15〜23cm
体　重：オス　5kg以下
　　　　メス　5.4kg以下

名前の由来は中国の首都・北京《ペキン》。中国の宮廷で古くから聖獣として大切にされてきた犬です。西太后は欧米からの訪問客にこの犬を贈呈していました。

☞P.175　ペキニーズは聖獣に寄せて作られた？

犬種図鑑
GROUP
10

視覚ハウンド

開けた場所でガゼルやうさぎを目で追いながら捕らえる俊足の狩猟犬。流線形のボディや長い足が特徴です。古くからの狩猟犬で、古代エジプトの壁画にも似た犬が描かれています。

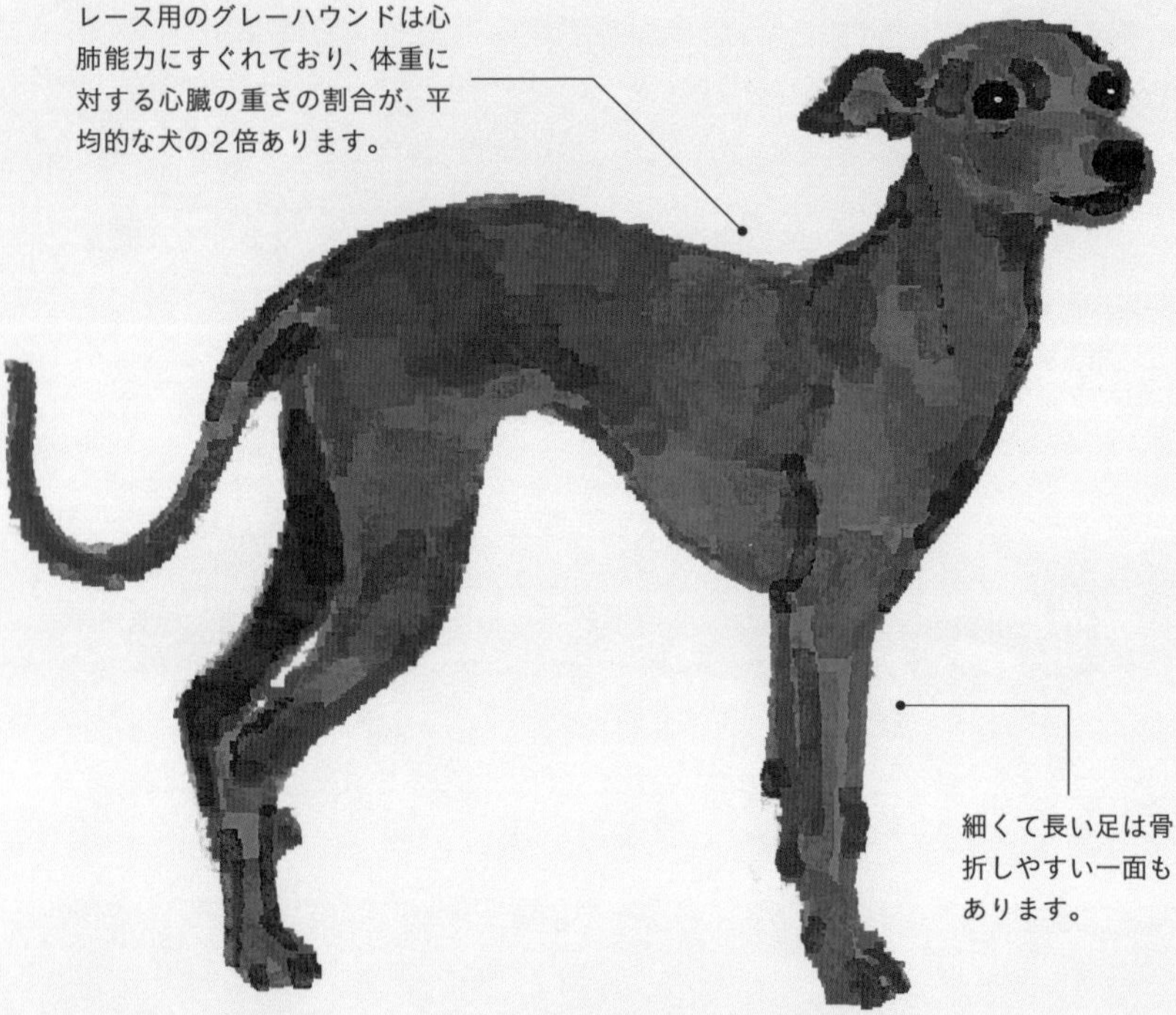
レース用のグレーハウンドは心肺能力にすぐれており、体重に対する心臓の重さの割合が、平均的な犬の2倍あります。
細くて長い足は骨折しやすい一面もあります。

グレーハウンド

Greyhound

原産地：イギリス
体　高：オス　71〜76cm
　　　　メス　68〜71cm
体　重：27〜30kg

全犬種のなかで最速の俊足を誇る、犬界のサラブレッド。レースで時速72kmを記録した個体もいます。走ることに特化した選択育種により、スタートからトップスピードを叩き出せる強靭な身体になりました。グレーハウンドは視覚ハウンドの代名詞で、多くの視覚ハウンドが○○グレーハウンドという名をもちますが、毛色はグレーに限りません。

☞P.114　最も速く走れるのはサルーキやグレーハウンド

全身を覆う長い絹毛はていねいな手入れが必要です。

アフガン・ハウンド

Afghan Hound

原産地：アフガニスタン
体　高：オス　68〜74cm
　　　　メス　63〜69cm
体　重：23〜29kg

アフガニスタンで鹿や雪豹の狩猟に使われていた犬。背が高く、美しい長毛をたなびかせて走る姿はまるで犬界のスーパーモデル。1907年に初めて出たドッグショーでは話題を総なめにしました。人の命令を聞くより自由に動きたいタイプで、この犬種の飼い主はそういう面も含めて魅了されています。

垂れ耳に長い絹毛が生えています。しっぽにも飾り毛がたっぷり。

サルーキ

Saluki

原産地：中東
体　高：オス　58〜71cm
　　　　メスは比較的小さい
体　重：16〜29kg

グレーハウンドと並んで俊足の犬種。ガゼルを根気よく追いかけ、疲れさせて倒す狩猟スタイルでガゼル・ハウンドとも呼ばれます。アラブではサルーキとの狩猟を高貴なスポーツと見なし、サルーキを「その起源は悠久の昔の彼方に、その速さは瞬きのあいだ」と表現。伝統的に犬を不浄の生き物とするイスラム教でもサルーキだけは例外です。

14

犬種の関係が解析されつつある

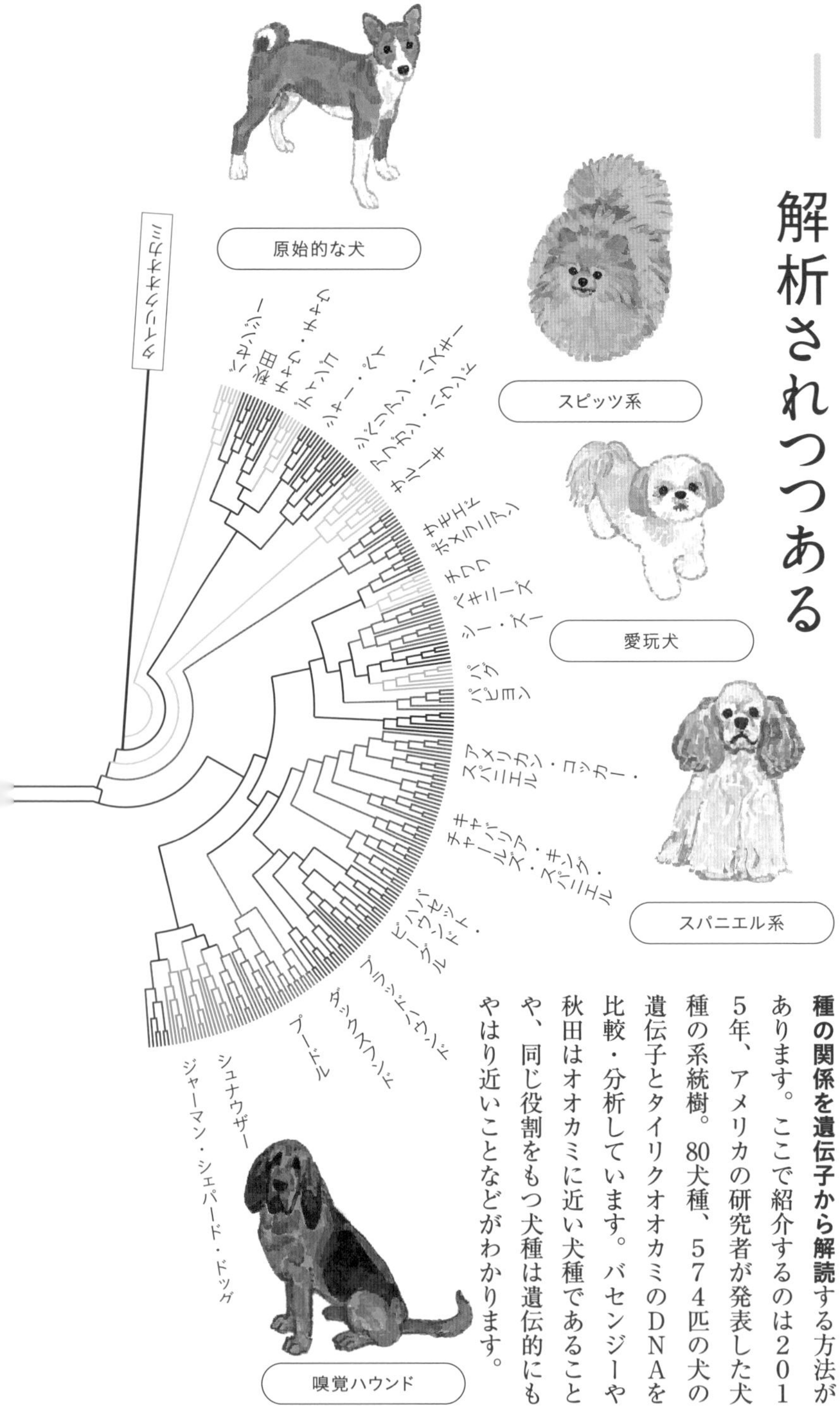
原始的な犬
スピッツ系
愛玩犬
スパニエル系
嗅覚ハウンド
タイリクオオカミ
バセンジー
秋田
チャウ・チャウ
シャー・ペイ
シベリアン・ハスキー
アフガン・ハウンド
サルーキ
サモエド
ポメラニアン
チワワ
ペキニーズ
シー・ズー
パグ
パピヨン
アメリカン・コッカー・スパニエル
キャバリア・キング・チャールズ・スパニエル
バセット・ハウンド
ビーグル
ブラッドハウンド
ダックスフンド
プードル
シュナウザー
ジャーマン・シェパード・ドッグ

犬種のなかには起源がはっきりしないものも多くありますが、現代では**犬種の関係を遺伝子から解読**する方法があります。ここで紹介するのは２０１５年、アメリカの研究者が発表した犬種の系統樹。80犬種、５７４匹の犬の遺伝子とタイリクオオカミのＤＮＡを比較・分析しています。バセンジーや秋田はオオカミに近い犬種であることや、同じ役割をもつ犬種は遺伝的にもやはり近いことなどがわかります。

※「Genome-wide SNP and haplotype analyses reveal a rich history underlying dog domestication」より改変

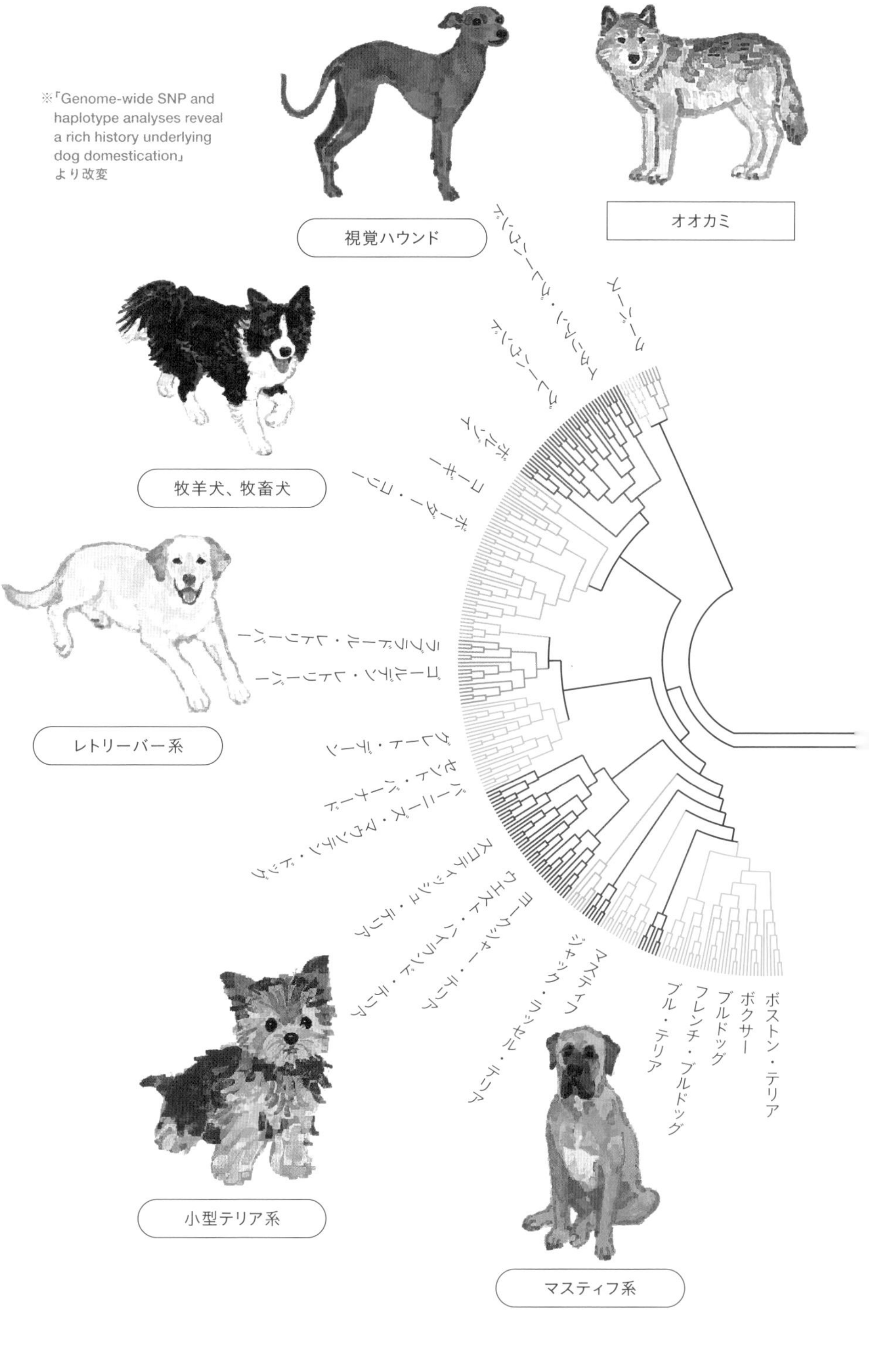

15 犬の外見に多くのバリエーションがあるのは家畜だから

猪と聞いて思い浮かぶのは、あのずんぐりした茶色っぽい姿ですよね。ほかにバリエーションはないと思います。ところが猪の家畜種である豚は、ピンクだったり黒だったりブチ模様があったり、サイズも３００kgを超えるものからミニブタまでさまざまです。猪のしっぽはまっすぐですが、豚にはくるんと巻いたしっぽがあります。こんなふうに**同じ種でも外見にバリエーションがあるのは、人に護られている家畜だから**。野生では保護色以外の毛色が生まれても自然淘汰されてしまいますが、家畜では新しい毛柄は珍重されます。野生では生き残れない小型の個体も別の用途で使えるからと残されます。**これと同じことが犬にも起きているため、多種多様な外見の犬がいる**のです。

いっぽうで、ロシアでは１９６０年代からギンギツネの家畜化実験が行われているのですが、ここからは新たな事実が浮かび上がっています。実験では人懐こいキツネを作るため、人への警戒心が少ない個体を選んで交配していきました。数世代経つとキツネは人にしっぽを振るようになり、数十世代経ったいまではまるで犬のように人に甘えるキツネが誕生しています。そしてやはり、白い毛色や巻き尾、青い目など野生のキツネにはない容貌が増えていきました。

実験では比較対象のため、人懐こくない群れも同時に繁殖していました。この群れも人が管理しているので家畜の一種ではあります。ですが**外見に大きな変化が表れたのは人懐こいほうのキツネの群れだけ**だったのです。

これは**気質と外見の両方に影響を与える遺伝子がある**ことを物語っています。例えばある遺伝子はアドレナリンやドーパミンなどの神経伝達物質と、毛色を作るメラニン色素の両方に影響を与えることがわかっています。甲状腺ホルモン系は体のサイズや毛色、ストレス耐性、慣れやすさに変化を与えます。**家畜に容姿のバリエーションが多いのは、人慣れしやすい穏やかな気質を選び続けたことで生まれた〝副産物〟**なのかもしれません。

家畜化で繁殖頻度も増える

野生のギンギツネの繁殖期は年1回ですが、人慣れしたキツネは年2回。これは多くの犬も同じです。繁殖頻度が増えたり早い月齢で繁殖するようになるのも家畜の特徴。野生では繁殖に適した季節に出産しないとうまく育ちませんが、飼育下ではいつでも安全に子育てできます。また繁殖頻度が増えれば人間にとって望ましい形質をもつ個体の子孫を効率よく増やすことができます。

家畜化実験で生まれた子ギツネたちは、幼いころは子犬と区別がつきません。ギンギツネの家畜化実験は、犬の家畜化を短期間で再現したものといわれています。

体の大きさを決める遺伝子がある 16

トイ・プードル
C/C
ミニチュア・プードル
C/T
スタンダード・プードル
T/T

生物の設計図であるDNAは4種類の塩基、A（アデニン）、T（チミン）、G（グアニン）、C（シトシン）の組み合わせでできています。この塩基の数が人は約60億。犬は約50億。とにかく膨大な数です。

2022年、アメリカの研究者がこの膨大な塩基のなかから**犬のサイズに大きく関わる場所を突き止めました。**ある部分に2つ並んだ塩基が**T／Tなら大型犬に、C／Cなら小型犬に、そしてC／Tなら中型犬になる**ことがわかったのです。この変異によって体の成長を促すホルモンの産生量が変わり、その結果体のサイズが変わるのです。プードルやシュナウザーにはスタンダードやトイなどサイズちがいが存在しますが、調べるとやはり大型はT／T、小型はC／C、中型はC／Tが多いという結果でした（右図）。わかっ

小型の変異は祖先から起きていた

小型化の変異(C)はイエイヌで初めて起きたわけではなく、オオカミ以前の祖先の時代に起きていました。オオカミではほとんど表れなかったその変異が、犬の選択育種で再び現れ小型犬が誕生しました。

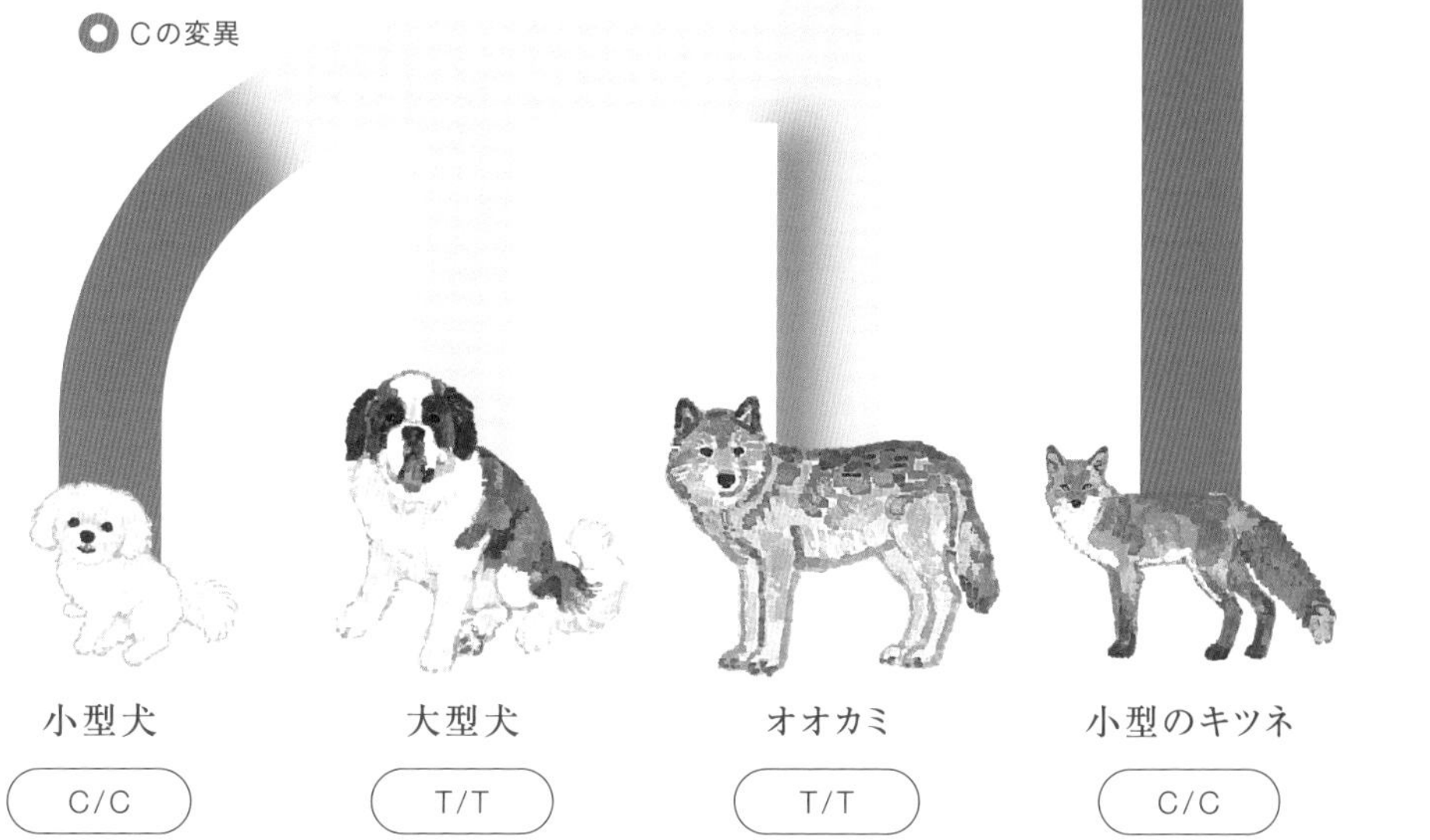
Cの変異
小型犬
C/C
大型犬
T/T
オオカミ
T/T
小型のキツネ
C/C

てみれば簡単なことだったのですね。と、ここで終わらないのがこの研究のすごいところです。研究者はオオカミやほかのイヌ科動物、さらに5万年以上前のオオカミの骨のDNAも調べました。すると、大昔のオオカミもわずかながらCの変異をもつものがいることがわかりました。そしてイヌ科のキツネやジャッカルで小型のものはC/Cでした。つまり、**イヌ科の共通祖先がすでに小型化の変異をもっていた**のです。上の図のように、もともともっていたCの変異はオオカミではほとんど表れず、イエイヌになり人の手で選択育種されるようになってから再び現れた、という図になります。変異の場所を突き止めただけに留まらず、太古のオオカミのDNAまで調べる学者の執念、恐るべしです。

17

鼻ぺちゃ顔や垂れ耳は子犬の特徴が残る現象

顔の形態ひとつとっても、犬はバリエーション豊かです。これらは新しい形ができたのではなく、**子犬の特徴がそのまま残った**と考えるとわかりやすくなります。野生のオオカミや原始的な犬種も、生まれたときは鼻ぺちゃで垂れた耳をしています。成長するにつれマズルが伸び、耳が立っていきますが、こうした変化が起こらないままおとなになったのが短頭種であり垂れ耳です。コリーなどに見られる「半立ち耳」は耳が途中まで立った状態で発達が止まったものです。

このように**子どもの特徴を残したままおとなになることを「幼形成熟」（ネオテニー）といいます**。おとなのオオカミは鋭い顔立ちをしていますが、犬がおとなになってもかわいらしいのは幼形成熟しているからです。

おもしろいことに、**幼形成熟は外見だけでなく内面にも起こります**。オオカミも幼いときは好奇心旺盛で甘えん坊でたくさん遊びますが、成長するにつれ好奇心は影を潜め、遊ぶことはなくなります。野生では下手な好奇心は身を滅ぼすからです。ですが、ご存じの通り犬はおとなになっても好奇心があり甘えん坊で遊びたがります。子どものころの性質をずっと残しているのです。いわば、**犬はいつまでも成長しないオオカミ**といえるでしょう。

犬のなかでもオオカミに近い尖ったマズルと立ち耳の犬は内面についても幼形成熟度が低く、垂れ耳や短頭種は内面についても幼形成熟度が高く、外見と中面は連動しています。オオカミに備わっている攻撃や服従のボディランゲージである歯をむく、にらむ、仰向けになるなどは、**幼形成熟度が高い犬ほど見せなくなる**ことがわかっています（P.138）。

顔の発達

生まれたときはオオカミも犬もほぼ同じ形態。早い段階で発達を止めたのが垂れ耳や短頭種です。

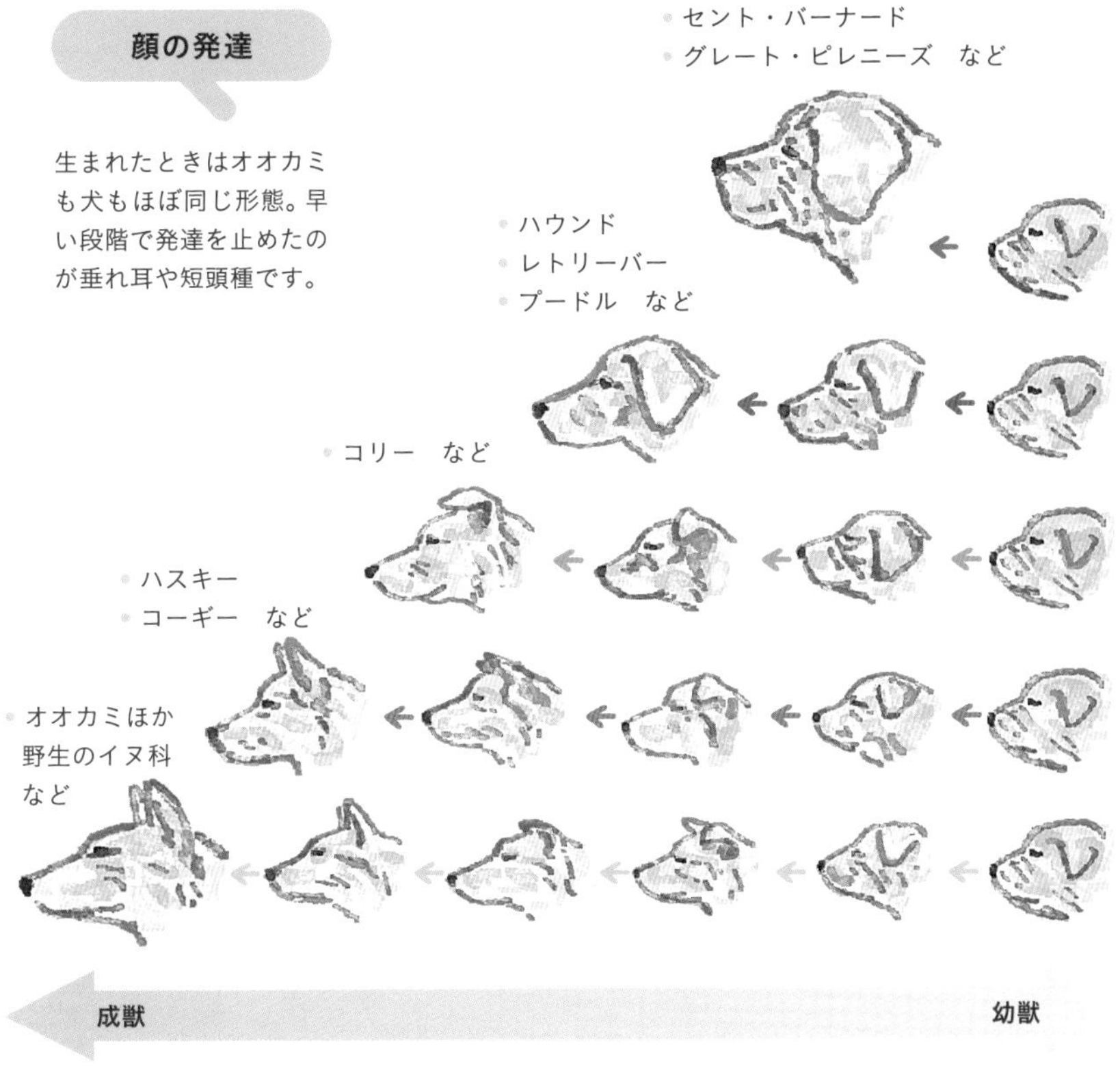
セント・バーナード
グレート・ピレニーズ　など
ハウンド
レトリーバー
プードル　など
コリー　など
ハスキー
コーギー　など
オオカミほか
野生のイヌ科
など
成獣
幼獣

人間も家畜？

P.17やP.66で家畜の特徴を述べてきましたが、じつは我々人間も「自己を家畜化した」といわれています。証拠として現代人は古代人より脳や頭、歯が小型化しています。外見にバリエーションが多いのは言わずもがな。家畜というとマイナスのイメージがあるかもしれませんが、本来はDomestication（家に慣れる）という意味。自然の驚異に脅え続ける原始的な生活を脱し、安全な暮らしを手に入れた結果、人類は新たなステージに進化したのです。
さらに犬と同じく、幼形成熟もしています。薄い体毛や平たい顔面は近縁の霊長類では子どもの特徴です。おとなになっても好奇心が尽きず、それが新大陸の発見や科学の発展につながっています。

犬の被毛タイプは3つの遺伝子で決まる

18

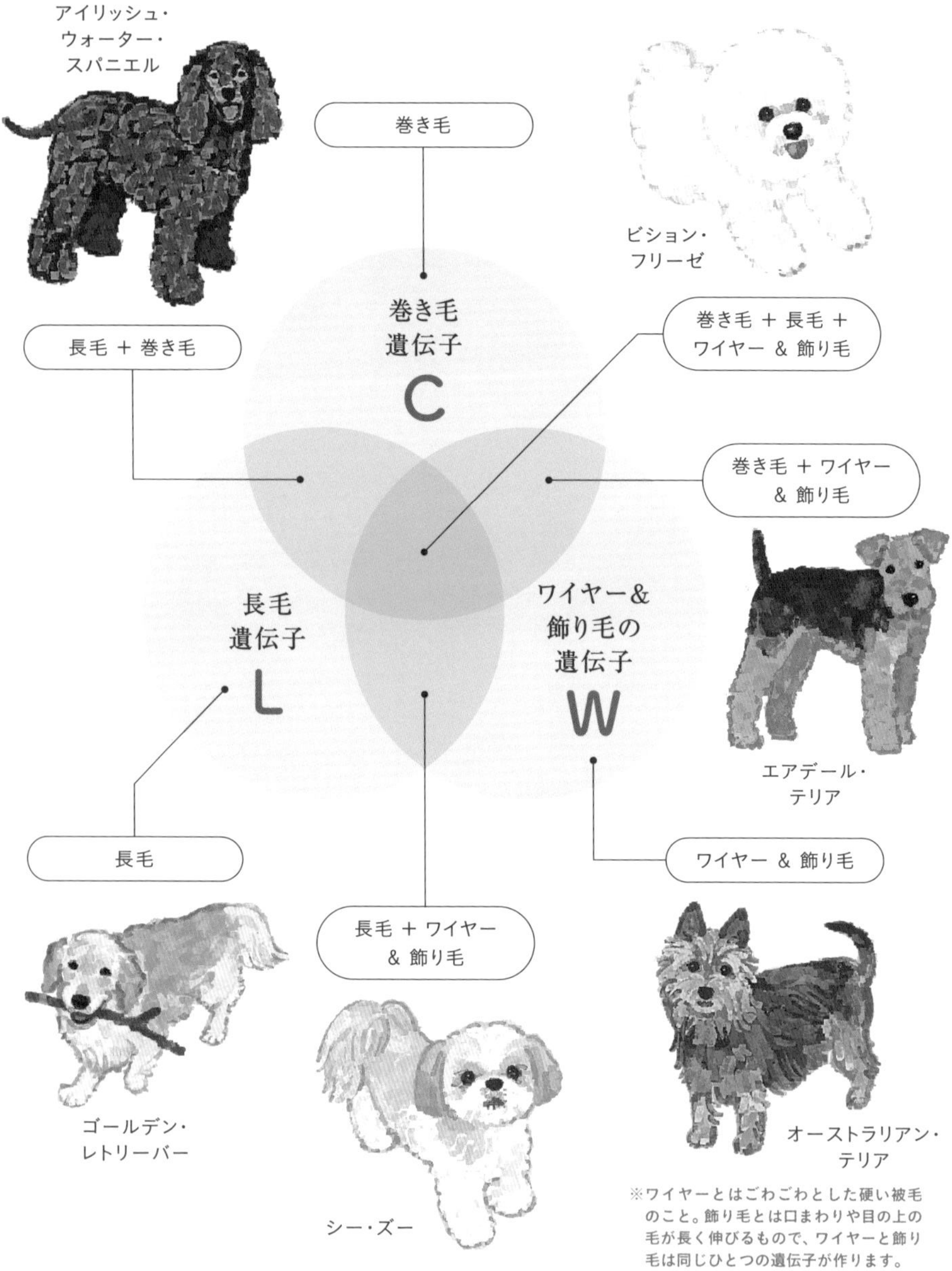
アイリッシュ・ウォーター・スパニエル
巻き毛
ビション・フリーゼ
巻き毛
遺伝子
C
長毛 + 巻き毛
巻き毛 + 長毛 + ワイヤー & 飾り毛
巻き毛 + ワイヤー & 飾り毛
長毛
遺伝子
L
ワイヤー&
飾り毛の
遺伝子
W
エアデール・テリア
長毛
ワイヤー & 飾り毛
長毛 + ワイヤー & 飾り毛
ゴールデン・レトリーバー
シー・ズー
オーストラリアン・テリア

※ワイヤーとはごわごわとした硬い被毛のこと。飾り毛とは口まわりや目の上の毛が長く伸びるもので、ワイヤーと飾り毛は同じひとつの遺伝子が作ります。

巻き毛でも短毛の犬種がいます。写真はカーリーコーテッド・レトリーバー。

ふわふわの巻き毛だったりツヤツヤの長毛だったり多種多様な犬の被毛ですが、**3つの遺伝子でほぼ説明できることが明らかになりました。**その3つは巻き毛遺伝子、長毛遺伝子、ワイヤー（粗毛）＆飾り毛の遺伝子。ここではわかりやすくC（カール）、L（ロング）、W（ワイヤー）と呼びましょう。右ページの図のように、3つともあると巻き毛で長毛で粗毛で、目の上や口のまわりに飾り毛もあるというビション・フリーゼのような犬になります。

逆にCもLもWもないと、ビーグルのようなつるりとした短毛に。かくして8種類の被毛ができあがります。

無毛の遺伝子は致死性

メキシカン・ヘアレス・ドッグなどは無毛の犬種。無毛の遺伝子は優性遺伝で、片方の親から1つ受け継ぐと無毛になります。無毛どうしの交配はNG。両親から2つ受け継ぐと正常に成長できず死に至るからです。

巻き毛の強さにはほかの遺伝子が関与

コモンドールやプーリーという犬種は縄毛（Cord／コード）と呼ばれる毛をもちます。巻き毛にも巻きが強い毛、弱い毛とあり、縄毛は強い巻き毛。巻きの強弱にはほかの遺伝子が関与しているようです。

19 赤柴が多いのは優性遺伝だから

柴犬には毛色が4種類があります。赤、胡麻、黒、白。よく見かけるのは赤（茶色）で、全体の80％が赤といわれます。なぜなら、**赤の遺伝子は優性**だからです。

詳しく見ていきましょう。遺伝といえばメンデルの法則です。エンドウ豆の実験が有名ですが、ここでは人間の血液型で説明します（右下の図）。子どもは両親から1つずつ遺伝子を受け継ぎます。片方からA、片方からOをもらうと血液型はA型になります。AはOに対して優性だからです。

これと似たようなことが柴犬の毛色にも起こっています。赤柴を作る遺伝子はA^y、黒柴を作る遺伝子はa^t。両親からともにA^yを受け継いだA^y／A^yは赤柴に、ともにa^tを受け継いだa^t／a^tは黒柴になります。A^yとa^tを1つずつ受け継いだA^y／a^tは赤柴です。**A^yはa^tに対して優性**だからです。劣性遺伝の黒柴はa^tが2つ揃わないと黒柴になりません。赤柴が多くなるのは当然ですね。

ただし、まれにA^y／a^tのなかから胡麻と呼ばれる毛柄が生まれます。胡麻は赤と黒が混ざった毛色。a^tの遺伝子が顔を出してくるのです。**A^yがa^tを完全に抑え込まないことから「不完全優性」**と呼ばれます。

ちなみに白柴はほかの遺伝子の影響でA^yやa^tは一切働きません。白柴は実際は薄いクリーム色で、血統書では「淡赤」と表記されます。白柴を作る遺伝子は劣性で、2つ揃わないと白柴になりません。

このように柴犬の毛色は2つの遺伝子でほぼ説明できます。Aを含めて犬の毛柄を作る遺伝子は10以上あり、そ

メンデルの法則（血液型の例）

	A	O
B	A/B（AB型）	B/O（B型）
O	A/O（A型）	O/O（O型）

A、BはOに対して優性。AとBに優劣はなく同等なので、AB型ができます。

※優性はすぐれた性質、劣性は劣った性質という誤解を招かないよう、最近では「顕性」「潜性」と表記されますが、本書ではわかりやすく伝えるために「優性」「劣性」と表記します。

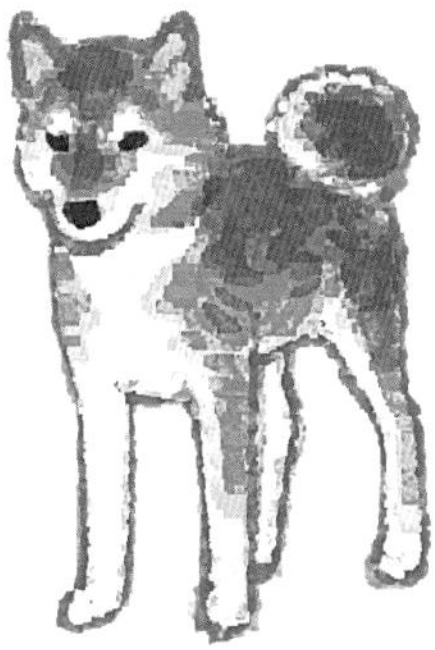

赤柴

80%

A^y / A^y

または

A^y / a^t

黒柴

10%

a^t / a^t

※全身黒ではなく黒とタン（赤褐色）をもつ毛色。P.77参照。

胡麻柴

数%

A^y / a^t

白柴

5 ～ 10%

※ある遺伝子（劣性遺伝）の働きで薄いクリーム色になる。

赤柴（A^y/A^y）と黒柴（a^t/a^t）の子は赤柴ばっかり！（たまに胡麻）

		赤柴	
		A^y	A^y
黒柴	a^t	A^y/a^t	A^y/a^t
	a^t	A^y/a^t	A^y/a^t

れぞれに優劣があったり同時に発現したりして数多くの毛柄を作っています。

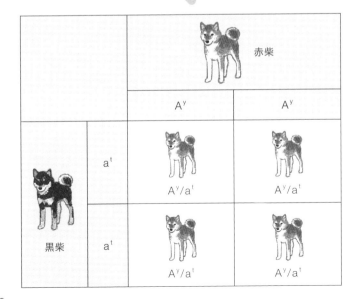

20 毛色の広がり方は決まっている

毛色はメラニンでできています。メラニンはユーメラニン（黒）とフェオメラニン（赤褐色）の2種類あり、それぞれ**の毛色の広がり方はイラストのようにある程度決まっています。**メラニンが作られず白色になる部分も、同じように広がり方が決まっています。規則性があるので別の犬種でも似た模様があるのです。

　これらの毛色遺伝子を一種類ではなく複数もつこともあります。ジャーマン・シェパード・ドッグ（P.37）は背中と顔が黒っぽい色をしていますが、これはAとEの遺伝子をあわせもつため。セント・バーナード（P.39）の一部の毛色が白いのはSの遺伝子、目のまわりの毛色が濃いのはEの遺伝子の働きです。

S遺伝子座

腹側、足先から毛色を白くする遺伝子。Sが1つだと白の範囲が狭く、2つだと白の範囲が多くなります。

靴下をはいたような柄はSが1つだと推測できます。

耳は最後まで色が残りやすい場所です。

A遺伝子座

背中側に黒っぽい色（ユーメラニン）、おなか側に茶色っぽい色（フェオメラニン）をつける遺伝子。フェオメラニンが多いほど優性です。

馬の鞍のように背中に黒っぽい色が広がっている模様をサドルといいます。

ブラック＆タンと呼ばれる柄。黒柴の模様（P.75）はこれです。

E遺伝子座

マズルや耳から黒っぽい色をつける遺伝子。この遺伝子が1つもないとレトリーバーのような全身黄色になります。

パグやマスティフに見られる、顔だけが黒っぽい柄（マスク）です。

黒っぽい色が足先まで広がることも。左とは逆に腹側が黒い毛色になります。

21 マロ眉模様は注目を集めるため？

ブラック&タンという毛柄（P.77）には、まるでマロ眉のような模様があります。なんでこんなところに模様があるのか、不思議じゃありませんか？

オオカミも目の上の毛色は明るめなので、祖先の特徴が残っているといえばそれまでなのですが、ブラック&タンの場合、オオカミより模様がはっきりしています。気になって調べてみるとこんな仮説がありました。「**犬どうしのコミュニケーションで目に注目を集めるため**」。ここに模様があることで目の場所がわかりやすくなり、コミュニケーションしやすくなるといいます。

また、人間とのコミュニケーションでは犬が眉頭を上げる表情が効果的とされています（P.143）。眉頭を上げ困ったような顔をすると哀れっぽく見え、人間の同情を誘うのに役立つのだそう。**眉頭を上げる表情を強調するのにも、おそらくマロ眉模様は役に立つ**でしょう。人間も眉毛がないと表情がわかりにくいものです。

この模様は、昔の日本では「四ツ目」と呼ばれました。その名の通り、目が4つあるように見えるからです。ここからは私の想像ですが、この模様がある犬は眠っているときも遠くから見れば「目を開けている」ように見えたのではないでしょうか。それで敵から襲われずに済み、生存の役に立った。目のフェイク効果があったのかも、などと想像します。

柴犬のカモメ眉は期間限定

柴犬は換毛期に「カモメ眉」「M字眉」と呼ばれる模様が表れることがあります。赤柴の一部には毛先が茶色く中央部分は黒い毛があり、換毛期に黒い部分が表れると眉のような模様に見えるよう。ほかに、淡い毛色のハスキーも同じような眉模様ができることがあります。犬の眉模様、奥深いです。

22 不思議な毛色「マール」は不規則に毛色を薄める遺伝子の働き

マールと呼ばれる毛柄を初めて見たときは驚きました。ダックスフンドでは「ダップル」と呼ばれる毛柄です。この大理石のような摩訶不思議な模様を作り出すのは、毛色を不規則に薄める遺伝子Mの働き。イラストでいえば黒の部分にMが働いてグレー部分を不規則に作り出しています。

ただしMの遺伝子は耳や目に弊害を及ぼす恐れがあるため、**マールどうしの交配はNG**。異常のある子どもが生まれてしまうからです。多くの畜犬団体でも禁止しています。

23

オオカミに最も近いのは柴犬

アメリカのチームが85犬種912匹の犬とオオカミ225匹からDNAを採取し、比較・分析した研究があります。その結果、**遺伝的に最もオオカミに近かったのは柴犬**。次いでチャウ・チャウ、秋田犬、アラスカン・マラミュート、バセンジーの順でした（左ページグラフ）。

オオカミ的な犬。それは尖ったマズルや立ち耳など容姿がオオカミに近いのはもちろん、野性的な気質を多く残した犬のことです。人に慣れにくい、簡単に心を許さない。柴犬は飼い主に忠実といわれますが、それは裏を返せば飼い主以外にはなかなか心を開かないということです。

オオカミと犬の差を端的に表す行動のひとつにアイコンタクトがあります。犬は飼い主はもちろん、初めて会った人でもアイコンタクトをとろうとします。いっぽうオオカミは、生まれたときからいっしょにいる人でさえあまり目を合わせません。この傾向がオオカミ的な犬にもあります。**柴犬は犬のなかでは人と目を合わせることが少ない犬**なのです。

「解決不可能課題」と呼ばれる実験でも似た結果が出ています。開けられない箱の中に食べ物が入っていると、オオカミは何とかして自力で手に入れようとします。いっぽう多くの犬はそばにいる人をさっと見上げて「取って？」という顔をします。自分で解決しようとせず、人を頼るのです。しかし犬のなかでも**柴犬は人を頼らず自力で手に入れようとする傾向**があります。

柴犬の飼い主は、その頑固なところも含めて柴犬に魅了されているといいます。柴犬はいわば「小さなオオカミ」といえるのかもしれませんね。

DNA分析による気質の割合

この研究では85の犬種を「オオカミ的」「牧羊犬的」「狩猟犬的」「マスティフ的」の4つの気質で表現。柴犬は95％以上が「オオカミ的」でした。ちなみにオオカミ的要素が最も少ないのはグレート・スイス・マウンテン・ドッグという大型犬。スイスの山で荷車を引くなどの仕事をしてきた犬種です。

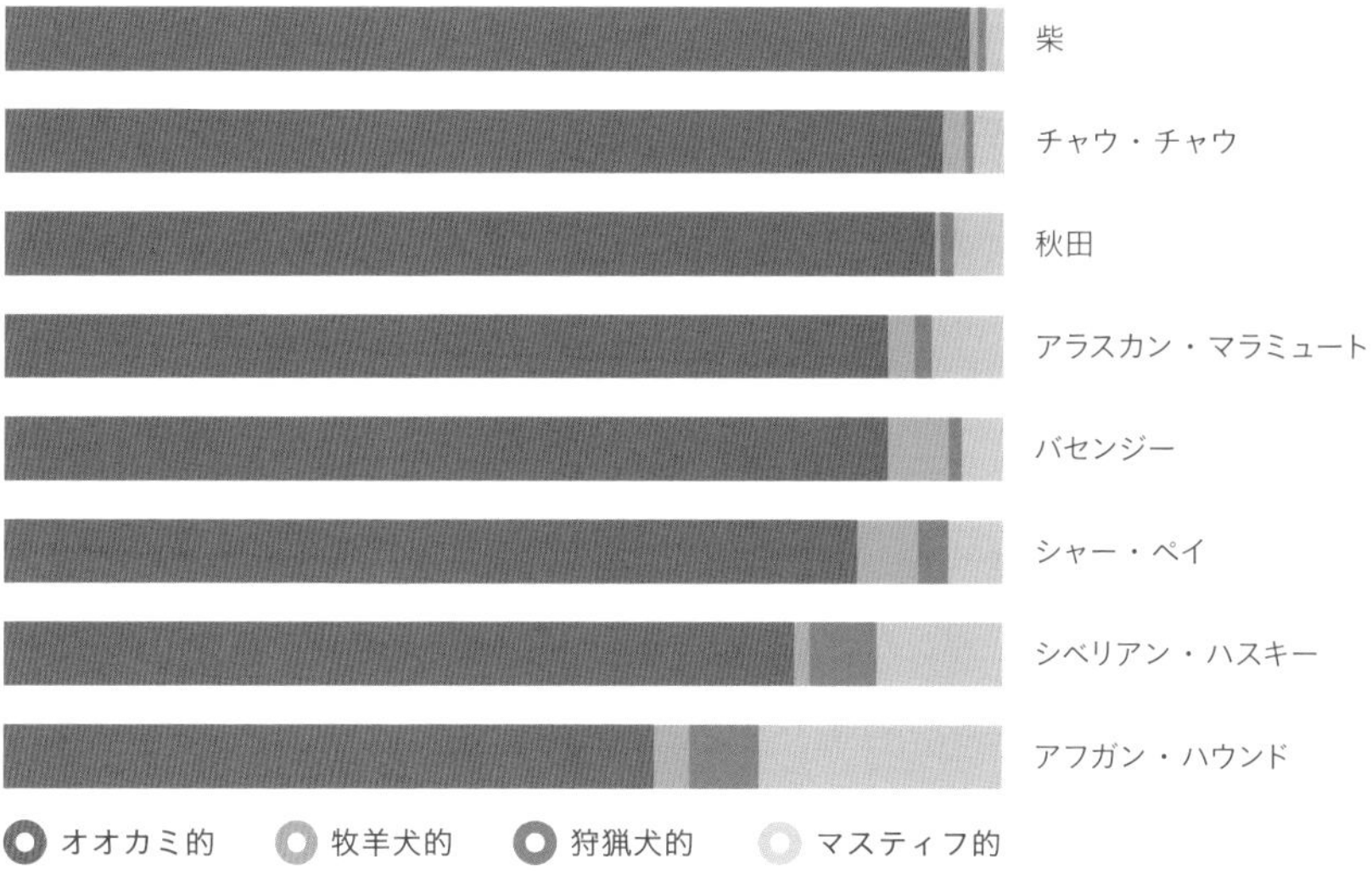
柴
チャウ・チャウ
秋田
アラスカン・マラミュート
バセンジー
シャー・ペイ
シベリアン・ハスキー
アフガン・ハウンド
オオカミ的
牧羊犬的
狩猟犬的
マスティフ的

この研究ではチャウ・チャウは同じ中国原産のシャー・ペイよりも、日本の秋田犬や柴犬のほうに近いとされています。

ニホンオオカミがいた時代、日本犬とニホンオオカミが交雑した可能性もあります。ニホンオオカミの血が日本犬に入っているとしたら、オオカミ的な気質がより増していてもおかしくありません。

24

怒りっぽさに関係する遺伝子がある

神経伝達物質のドーパミンは分泌するとやる気が出る反面、多すぎると怒りっぽくなったり攻撃的になるという側面があります。ドーパミンを分解し一定に保つ働きをするモノアミンオキシダーゼという酵素があるのですが、この酵素の分泌量は個体によって異なり、少ないとドーパミンが分解されにくく怒りっぽくなることがわかっています。

モノアミンオキシダーゼ酵素の分泌量を左右する遺伝子のひとつにMAOA遺伝子があります。アメリカの研究チームが31の犬種のMAOAを調べたところ、秋田犬やハスキーなどの原始的な犬のグループはこの遺伝子に起きている変異（塩基の置き換えや欠如）が多かったのだそう。確認はこれからですが、MAOAに変異が多いとドーパミンを分解できなくなり、怒りっぽくなることが示唆されています。つまり**原始的な犬は怒りっぽい**傾向があるということ。これはP.80の話ともつながります。原始的な犬はオオカミに近く、威嚇や攻撃行動が多くなる傾向があるようです。

逆にMAOAに変異が少なく興奮することが少ないと示唆されるのは、セント・バーナードなど山で働いていた犬たち。たしかに山岳救助犬は穏やかな気質でないと務まらないでしょう。

秋田犬も狩猟犬として働いてきた歴史がありますが、なにしろ山で熊と闘ってきた犬です。自分より大きい相手に闘いを挑むにはドーパミンが大量に必要だったでしょう。ハスキーなどのそり犬も長距離を牽引し続ける仕事。ドーパミン、大量に必要そうですよね。

MAOA遺伝子の変異

この遺伝子に変異が多いとドーパミンが分解できず、怒りっぽくなることが示唆されています。

※犬種図鑑（FCI）のグループ分けとは一部ちがっています。

多

原始的な犬
- 秋田
- アラスカン・マラミュート
- バセンジー
- サモエド
- シベリアン・ハスキー

牧羊犬
- ボーダー・コリー
- ラフ・コリー
- シェットランド・シープドッグ
- オーストラリアン・シェパード
- ウェルシュ・コーギー・カーディガン　など

マスティフ系
- ボクサー
- ブルドッグ
- イングリッシュ・マスティフ
- ピット・ブル・テリア　など

近代ヨーロッパ系
- コッカー・スパニエル
- ダルメシアン
- ドーベルマン・ピンシャー
- ゴールデン・レトリーバー
- トイ・プードル

山岳犬
- セント・バーナード
- バーニーズ・マウンテン・ドッグ
- ジャーマン・シェパード
- ロットワイラー

少

ドーパミン受容体による気質のちがいもある

ドーパミンの分泌量が同じでも、たくさん受け取れるのとそうでないのでは、当然気質がちがってきます。ドーパミン受容体のひとつDRD4は長いタイプと短いタイプがあり、長いタイプ（つまりたくさん受け取れるタイプ）はなわばりを守ろうとする気質やほかの犬への攻撃性が高くなります。猟犬や警察犬ではDRD4が長く、牧羊犬や愛玩犬では短い傾向があります。

25

牧羊犬が羊を集めるのは子育ての本能？

牧羊犬の仕事ぶりを見たことはあるでしょうか。颯爽と駆け回って多くの羊をまとめ、はぐれた羊を群れに戻すさまは見事です。優秀な牧羊犬1匹は、人間数人以上の働きをするといいます。

じつはこの行動は人間がイチから教えたものではありません。コリーなどの牧羊犬にはもともと羊を集めようとする行動が見られ、子犬でも集めようとするそうです。しかし、なぜこんな特殊な行動があるのでしょうか。

2022年、アメリカの研究により、牧羊犬の行動は**母親が子どもを自分のもとに集めようとする本能に由来する**可能性が浮かび上がりました。ＥＰＨＡ5という遺伝子の発現が牧羊犬グループで顕著だったのです。これはマウスでは子集め行動に関わる遺伝子。出産直後の犬は子犬が巣から離れるとすぐに連れ戻しますよね。もともとあるその本能が選択育種によって強化されたのが牧羊犬なのかもしれません。牧羊犬は害獣から羊を守る仕事もしますが、それも自分の子どものように思っているからなのかもしれませんね。

もちろん、きちんと仕事として行うのには訓練が必要です。能力と訓練はいつでもセットです。私がネットで見つけたある動画では、未熟なコリーが羊小屋ではなく飼い主の自宅に羊を追い込んでいました。帰宅した牧場主がリビングや廊下に大量の羊がいるのを見たときの驚きと、得意げなコリーの顔ときたら！

体の大きさと寿命の長さはトレード・オフ

ペット保険アニコムの2021年度統計によると、平均寿命が最も長いのはトイ・プードルで15.3歳。最も短いのはバーニーズ・マウンテン・ドッグとブルドッグで8.8歳。その差は6年半もあります。

大型犬のほうが寿命が短いことはよく知られています。ドイツの学者が5万匹の犬のデータを分析した研究では、犬の体の大きさと寿命はトレード・オフの関係にあり、体重が4.4ポンド（約2kg）増えるごとに寿命が1か月短くなるといいます。

ネズミは短命でゾウは長寿です。基本的に動物は体の大きいほうが長生きします。しかし同種では体が大きいほうが短命になるよう。スズメや魚にもこの傾向が見られ、人間の男性も低身長のほうが長生きするというデータがあります。

大型のほうが短命になるのはいくつか仮説があります。大きくなるぶん激しく細胞分裂をしなければならずDNAが損傷する。癌細胞の発生率が上がる。体のサイズほどは臓器が大きくならないため心臓に負担がかかるなど。大型犬はその存在自体に無理がかかっているのでしょう。

とはいえ、大型犬にしかできない仕事があります。盲導犬や介助犬にレトリーバーが多いのは、気質が穏やかなことに加え、いざというときにてこでも動かない力や、ものをくわえて渡す力が必要だから。小型犬ではできない仕事です。短い命を人間のために使ってくれる大型犬。医療の進歩で少しでも長生きできる未来が来ることを願います。

トイ・プードル

平均寿命：15.3歳

バーニーズ・
マウンテン・ドッグ

平均寿命：8.8歳

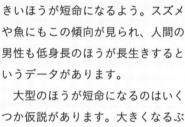

27 犬種由来の行動や気質は9%しかない

「○○犬は勇猛果敢」とか、「○○犬は飼い主に忠実」とか、巷で聞く犬種ごとの特徴や性格って、実際はどれくらい正しいのでしょうか。P.80〜84では科学的エビデンスのあるものを紹介していますが、エビデンスなしに印象だけで語られているものもあるんじゃないかなあと、疑り深い私などは思ってしまいます。

２０２２年、アメリカの科学雑誌『Science』にこんな論文が載りました。犬種について固定概念をもつのは危険だと警鐘を鳴らす論文です。いわく、犬２１５５匹を調べた結果、**犬種由来の行動特性や気質は各個体で９%しかなかった**。なぜなら、現代のブリーディングはその犬種で標準とされる容姿になることに重きを置いているから。性格や行動特性については二の次なのです。

この研究は遺伝しやすい特性とそうでないものも明らかにしました。例えばレトリーバーにおける「ものを回収する行動」は遺伝率が52・5%。レトリーバーであれば教えなくともものを持ってくることが多いのは遺伝率が高めだからです。また、人への社交性の遺伝率は最も高く67・3%。人懐こい

レトリーバーの「ものを回収する」行動は遺伝率が高めで、教えなくても新聞などを持ってくる犬がいます。またP.84で述べたように、牧羊犬が羊を集める行動は遺伝的に備わったものと考えられます。ただし、これらは稀有な例と考えたほうがよいでしょう。犬種特有の行動は、ほかにはほとんど見られません。

かそうでないかは、犬種によってある程度予測できるようです。逆に、恐怖や不快な刺激への反応性はあまり遺伝しないという結果でした。親が物怖じしない性格でも子はビビリでおかしくないということ。だとすると、「○○犬は勇猛果敢」という表現は真実味が薄くなります。

犬は工業製品ではないので、それぞれちがっていて当然です。**犬種が個性を決める割合は9%。残りの91%はその犬しだい。**それくらいの気持ちで犬と向き合ったほうが、よい関係ができそうです。

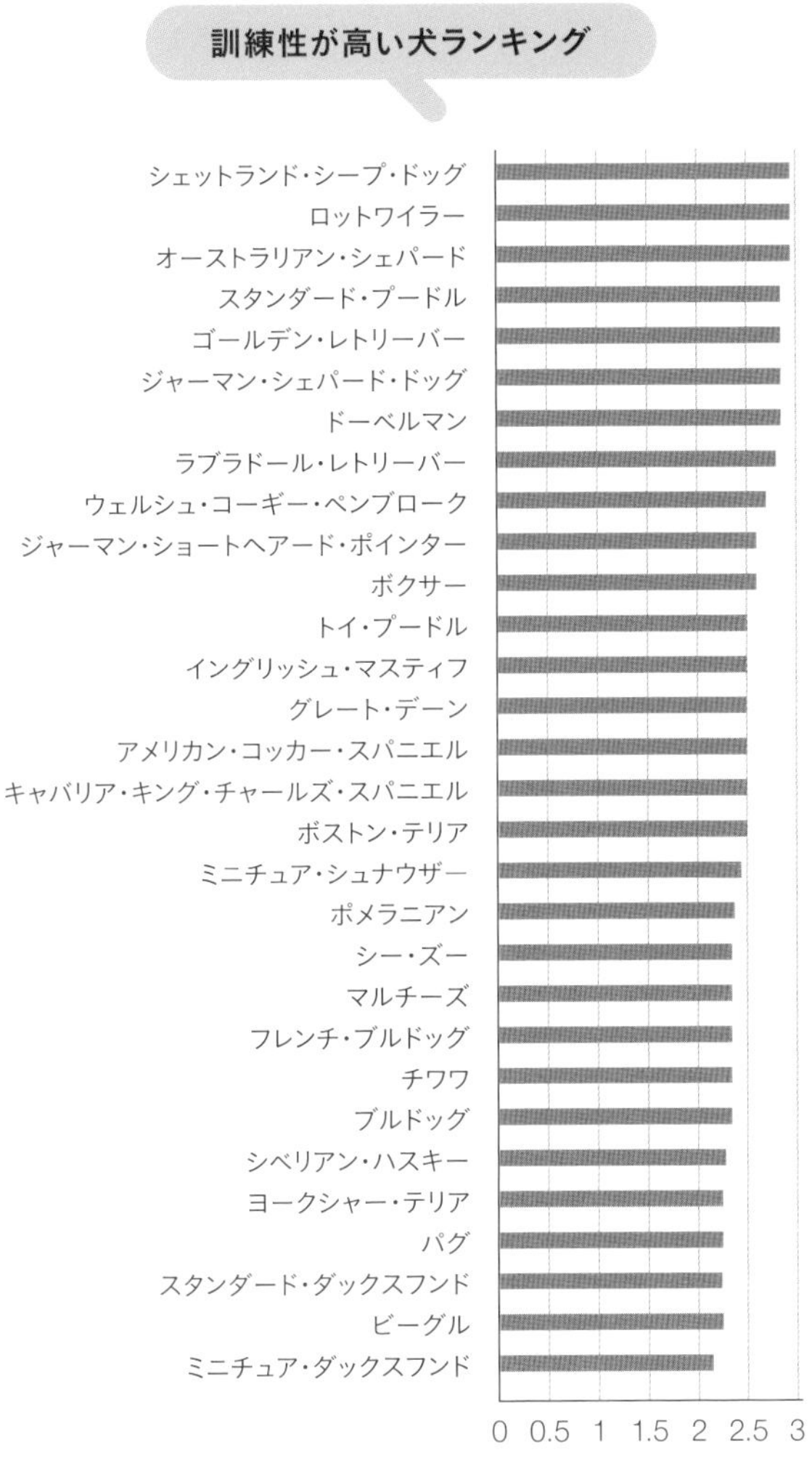
訓練性が高い犬ランキング
シェットランド・シープ・ドッグ
ロットワイラー
オーストラリアン・シェパード
スタンダード・プードル
ゴールデン・レトリーバー
ジャーマン・シェパード・ドッグ
ドーベルマン
ラブラドール・レトリーバー
ウェルシュ・コーギー・ペンブローク
ジャーマン・ショートヘアード・ポインター
ボクサー
トイ・プードル
イングリッシュ・マスティフ
グレート・デーン
アメリカン・コッカー・スパニエル
キャバリア・キング・チャールズ・スパニエル
ボストン・テリア
ミニチュア・シュナウザー
ポメラニアン
シー・ズー
マルチーズ
フレンチ・ブルドッグ
チワワ
ブルドッグ
シベリアン・ハスキー
ヨークシャー・テリア
パグ
スタンダード・ダックスフンド
ビーグル
ミニチュア・ダックスフンド
0 0.5 1 1.5 2 2.5 3

AKC（アメリカ畜犬団体）で人気のある30犬種の「訓練のしやすさ」を、飼い主の回答に基づきランキングしたもの。本文で紹介した研究でも、指示や命令に反応しやすいかどうかは遺伝率がやや高めとなっています。厳しい訓練を経て作業犬になる適性がある犬種、ない犬種はいるということでしょう。「賢い」犬種ではなく「訓練性が高い」という表現であることに注目。

28 犬種の歴史は長くて短い

古代エジプトの壁画にはグレーハウンドのような犬が描かれていますし、古代ローマや古代ギリシャの遺跡にはマスティフそっくりの大型犬やマルチーズのような小型犬を見ることができます。だからといって、現在のグレーハウンドやマスティフが数千年前からの血統を連綿と受け継いでいると考えるのはまちがいです。**多くの犬種は一度絶滅しているか、絶滅しかけた過去をもちます。**愛好家が犬種を復活させようといろいろな犬を掛け合わせ、そっくりな姿形の犬を作り上げたのがいまの多くの犬種です。ですから検査をすると遠い国の犬の遺伝子が見つかることも多々あります。

そもそも**犬に純血種という概念が生まれたのは19世紀以降**。それまで犬は血統ではなく体格や用途によっておおざっぱに分類されていました。大きくて骨太な犬はマスティフ、長い足で速く走れるのはグレーハウンド、牛にひるまず跳びかかっていくのはどんな犬でもブルドッグという具合。重要なのは優秀な仕事ができるかどうかで、多種多様な犬の血が混ざり合っているのがふつうでした。

それが一変したのが19世紀。産業革命後のイギリスで生まれた中産階級の人々が、**犬を実用ではなくステータス・シンボルとして捉えるようになったのです。**もともとイギリス王室や上流階級には犬好きが多く、共通の趣味をもつことは中産階級の人々にとって憧れでした。

自分の犬を自慢するためにドッグショーを開きますが、各犬種ごとに順位を決めるため、まず犬種の定義をしました。それは同犬種のあいだに生ま

古代アッシリアの壁画

現在のイラクを中心として栄えた古代アッシリア（紀元前2000～609年）の壁画。ライオン狩りのためにマスティフに似た犬が連れられています。

れた犬しかその犬種（純血種）と認めないという定義。それまでにも牛などの家畜や栽培植物で使われていた品種の考え方を犬に当てはめたのです。

ショーで審査するのはおもに犬の容姿です。ケネルクラブ（畜犬団体）が決めた犬種の基準に近い容姿をもつ犬が賞を獲得しました。容姿を第一とする考え方に眉をひそめた上流階級層もいましたし、現在でも犬の性質を重んじた繁殖を続けるためあえて犬種登録をしないブリーダーもいますが、ともかくイギリスで始まったドッグショーやケネルクラブの流れは世界中に広まっていきました。

純血種は由緒正しい血統で、雑種は素性不明のノーブランド品。そのような考え方はほとんど根拠がないことが、犬種の歴史を知ると見えてきます。

純血種の遺伝病

同じ犬種では遺伝子がもともと似通っています。さらにショーで賞を獲った犬はたくさん交配し、その犬の遺伝が多く広がるため、ますます遺伝子のバリエーションが少なくなります。

人間で近親交配が忌避されるのは遺伝病が増えるのが大きな理由です。両親の遺伝子が似通っているために、2つ揃ってはじめて発症する病気が発症しやすくなるのです。これと似たことが純血種の犬に起こっており、多くの犬種が遺伝病をもっています。同じ犬種から生まれた犬しか純血種と認めない、というルールを作ったときはまだ、こうした遺伝の知識が浅かったのでしょう。

ほぼ確実に病気になることがわかっている犬を作り出すのは避けるべきこと。ルールを見直すときが来ていると、多くの有識者が語っています。

古代ギリシャ、葬祭用のレリーフ

マルチーズに似た小型犬がいます。石碑に書かれた名前は「Antigona and Aristopolis」。少女と愛犬の名前でしょうか。紀元前300〜250年ごろのもの。

古代ローマの彫像

グレーハウンドに似た2匹の犬が戯れています。紀元前1〜2世紀のもの。当時の技術でこれほど精巧な彫像を作れたとは驚きです。

☞P.180 ビクトリア朝時代に犬種作出ブームが起きた
☞P.202 純血種の定義を見直すべきときが来ている

29

(COLUMN)

「世界一醜い犬コンテスト」の主旨はユニークさを讃えること！

アメリカ・カリフォルニア州では1970年代から「世界一醜い犬コンテスト」を開催しています。2023年のグランプリはチャイニーズ・クレステッド・ドッグのスクーター。頭以外はつるりと禿げ、口から舌がはみ出た小型犬です。

生まれつき後ろ足の変形で歩けなかったスクーターは、殺処分のためブリーダーによって保健所に持ち込まれました。愛護団体がスクーターを保護し、里親となってくれる人を募集。現在は飼い主リンダさんの家で幸せに暮らしています。

このコンテストに出るのは口から舌や歯が飛び出ていたり、毛がまばらにしか生えていなかったり、お世辞にもかわいいとはいえない犬ばかり。ともすればアンタッチャブルになりがちな外見をあえて取り上げ、「醜さを競う」「ユニークさを讃え合う」というエンターテイメントに昇華したのがこのコンテストのすごいところです。これが悪意やからかいではないことは、温かい喝采や飼い主の笑顔が証明しています。「彼はとてもユニークでしょ？　私はいつも元気をもらっているの！」と飼い主は誇らしげに語ります。

このコンテストの目的のひとつは、奇形などで里親が見つからない犬にスポットを当てること。会場では愛護団体が里親募集中の犬を紹介しています。飼い主たちの幸せそうな笑顔は、犬を飼うことで得られるものを何よりもはっきりと印象づけています。

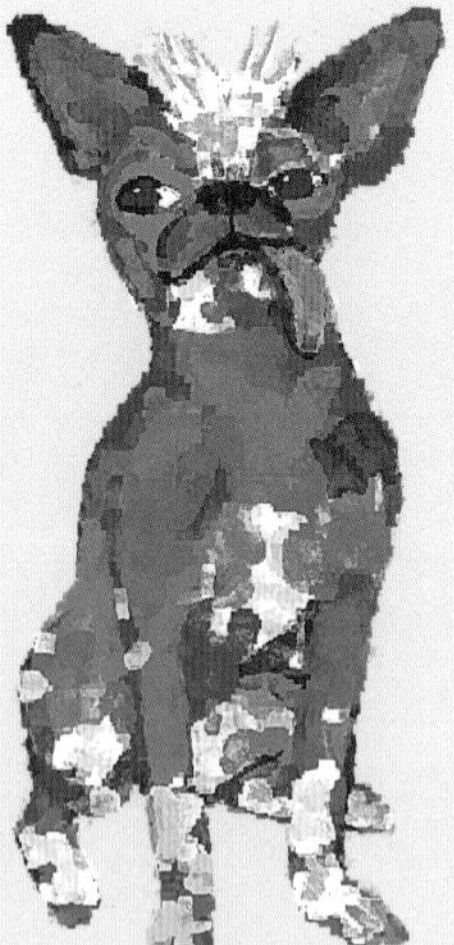

3

おどろきの
身体能力と知能

6週間前のにおいも嗅ぎ取れる

30

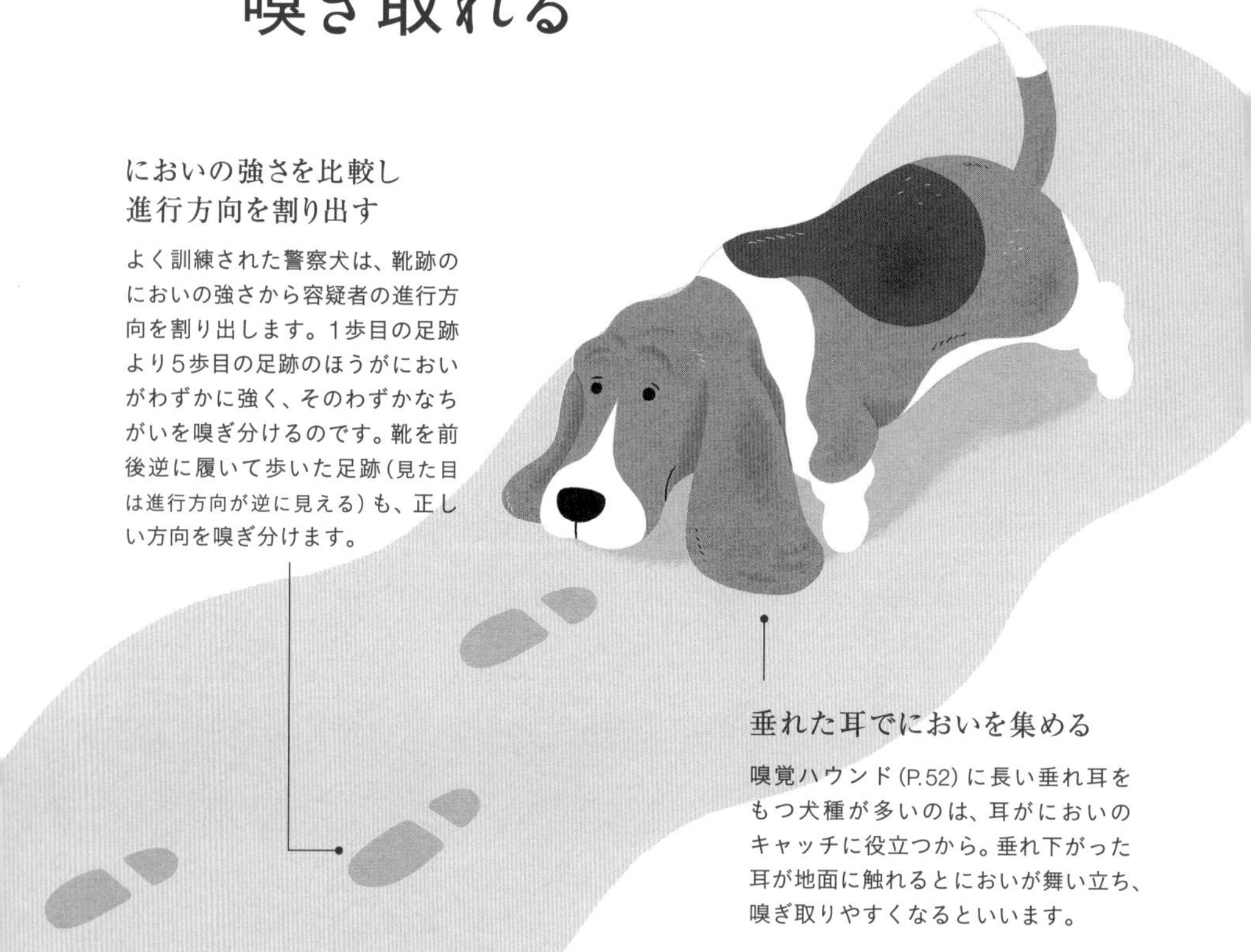

においの強さを比較し進行方向を割り出す

よく訓練された警察犬は、靴跡のにおいの強さから容疑者の進行方向を割り出します。1歩目の足跡より5歩目の足跡のほうがにおいがわずかに強く、そのわずかなちがいを嗅ぎ分けるのです。靴を前後逆に履いて歩いた足跡（見た目は進行方向が逆に見える）も、正しい方向を嗅ぎ分けます。

垂れた耳でにおいを集める

嗅覚ハウンド（P.52）に長い垂れ耳をもつ犬種が多いのは、耳がにおいのキャッチに役立つから。垂れ下がった耳が地面に触れるとにおいが舞い立ち、嗅ぎ取りやすくなるといいます。

犬は人間の10万倍〜数百万倍嗅覚がするどいといわれ、その有能ぶりは枚挙にいとまがありません。室内なら6週間前のにおいも嗅ぎ取る、3週間前にガラスについた指紋のにおいを嗅ぎ取る、一卵性双生児のちがいを嗅ぎ分けるなどなど。その能力の高さには驚くばかりですが、**本当にすごいのはその能力を「人のために」役立てること**でしょう。犬以外にもゾウやラットなど嗅覚がすぐれた動物は数多くいますが、犬のように働いてくれる動物はほかにいません。

　また単に嗅覚がすぐれているだけではこうした仕事はできません。検出するにおい（容疑者や爆発物など）を覚えたうえで、いま嗅いだにおいがそれと合致するかどうか見極める能力が必要です。これは単なるにおいの検出よりはるかに高度な作業。爆発物をしかけ

嗅覚を使って働く犬たち

警察犬

容疑者や捜索者の足跡を追跡したり、遺留品のにおいと容疑者のにおいが一致するか判別します。訓練やテストは厳しく、合格率は1割ほど。犬種は限定されており、シェパードやドーベルマン、ボクサー、ラブラドール・レトリーバーなどの7種です。

災害救助犬

地震などで瓦礫に埋もれた人や、山で行方不明になった人を捜し出します。特定の人間ではない「人間のにおい」を空気中から検知。訓練はいわゆる「かくれんぼ」で、犬は物陰にいたり倒れたりしている人を見つけ出します。合格率は3割ほど。

麻薬探知犬

空港や港、国際郵便局で入国旅客の携帯品や郵便物のにおいを嗅ぎ、覚せい剤や大麻などの不正薬物を摘発します。ジャーマン・シェパードやラブラドール・レトリーバーが活躍しています。においは嗅いでも摂取はしないので中毒にはなりません。

爆発物探知犬

空港や鉄道、イベント会場などで爆発物を探し出します。爆発物に用いられる化学物質は多数あり、訓練で覚えなければならないにおいもたくさん。現在はにおい探知機もありますが、検出率は犬のほうが上。テロの危機が増えているいま、爆発物探知犬は不足しています。

癌探知犬

患者の尿や血液、呼気などのにおいからさまざまな癌を見つけます。個体差がありますが、検出率99.7％を誇る優秀な探知犬もいます。ステージ0から発見でき、癌の早期発見に役立っています。ほかに新型コロナウイルスの感染や低血糖、てんかん発作などを検知できる犬もおり、研究が進められています。

るテロリストなどは、爆発物のそばに香水やにおいの強い食べ物を置いて発見を免れようとするそうですが、強い刺激臭があっても犬はあきらめません。**優秀な探知犬は95％の精度で爆発物を発見できる**といいます。

31 鼻のよさは犬種によって異なる

鼻に吸い込んだにおい物質は鼻腔の嗅上皮《きゅうじょうひ》（粘膜の一部）でキャッチされます。鼻腔が狭いと嗅上皮も狭くなり、当然嗅覚もにぶくなります。**パグなどの短頭種が中・長頭種より嗅覚が劣るのはマズルが短いことが大きな原因ですが、加えて脳の変形も影響している可能性**があることがわかりました。

においは脳の嗅球《きゅうきゅう》で処理されます。中・長頭種では下の絵のように嗅上皮のすぐ後ろに嗅球がありますが、短頭種では頭部の変形に伴い嗅球が小さく変化し、さらに脳の最下層へ移動。嗅上皮からのアクセスが悪くなっていたのです。

嗅上皮の表面にある嗅細胞の数

人は約600万個。犬の嗅覚のするどさがわかります。

ダックスフンド	ジャーマン・シェパード	ブラッドハウンド
1億2500万	2億2500万	3億

鋤鼻器《じょびき》とは

おもにフェロモン感知のための嗅覚器官で、前歯の裏側に鋤鼻器につながる管の開口部があります。猫はフェロモンのようなにおいを感じると口をポカンと開けて鋤鼻器で感知しようとします（フレーメン反応）。犬はフレーメン反応はせず、においのもとをなめることで口内に取り入れます。

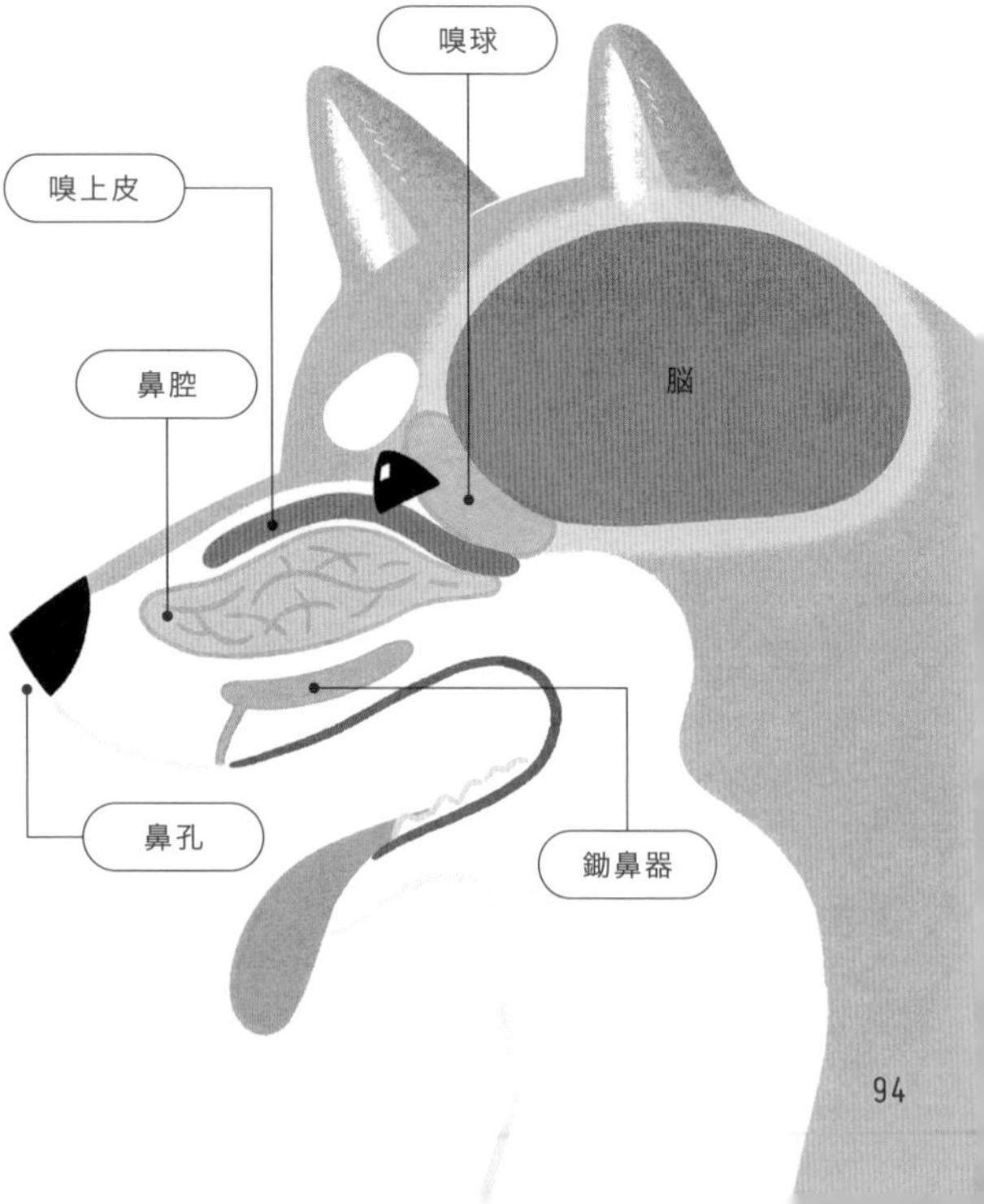

人の感情を嗅ぎ取ることができる　32

犬の嗅覚で最もすごいのがこの能力ではないでしょうか。まさか、感情を嗅ぎ取るなんて！　これを明らかにしたのはイタリアの研究チーム。まず男性複数に「幸せな話」と「恐い話」の映像を見せ、それを見たときの脇汗を採取。その後、実験室に飼い主と犬、さらに見知らぬ人を入れ、汗のにおいを散布しました。すると**「恐怖の汗」を散布したときは犬の心拍数が上がりストレスを表示**。ストレス行動も多く見せ、飼い主から安心を得ようと思ったのか飼い主に接触しようとする行動が増えました。

いっぽう、「幸せな汗」を散布したときの犬の心拍数は落ち着いており、見知らぬ人に接触しようとする行動が増えるという現象が見られました。実験では比較のため何のにおいも散布しないパターンもテストしましたが、見知らぬ人への接触は幸せな汗が散布されたときのほうが増加しました。これは**幸せな汗によって犬が安心し、まわりを探索する余裕が生まれた**ことを示唆します（P.208）。

人の恐怖の汗のにおいを嗅ぐと犬もストレスを感じる

実験で人の恐怖の汗のにおいが散布されると、犬は口をなめる、頭を振るなどのストレス行動を多く見せ、心拍数も上昇しました。

33 アヤシイにおいは右の鼻で嗅ぐ

犬は右の鼻と左の鼻を使い分けていることが実験でわかりました。どのように実験したかというと、綿棒の先にいろいろなにおいをつけ、犬がどちらの鼻の穴を近づけるか調べたのです。その結果、どのにおいもはじめは右の鼻を使用。その後、ドッグフードやレモンのにおいはじょじょに左にシフト。いっぽうで獣医師の汗やストレス状況下にある犬のにおいは、鼻が慣れてからも右を使い続けました。

このような左右差は右脳と左脳のちがいで説明できます。**ネガティブな感情の処理は右脳、ポジティブな感情の処理は左脳が優先的に使われます。**基本的に右半身は左脳、左半身は右脳とつながっていますが、嗅覚は例外で右の鼻は右脳、左の鼻は左脳と優先的につながっています。実験で**どのにおいもはじめは右の鼻を使ったのは、新奇なにおいが判明するまでは警戒しているから**。ドッグフードなどは警戒の必要がないとわかって左の鼻を使い始めますが、**ストレス状況下の犬のにおいなどは警戒を呼び起こすため右の鼻で嗅ぎ続けた**のでしょう。獣医師の汗がどんな状況で採取されたか不明なのですが、おそらく幸せな汗ではなかったんでしょうね。

左の鼻
警戒する必要のない
慣れ親しんだにおい
右の鼻
警戒している
においや
ストレスを感じる
におい

☞P.102 ポジティブな音は右耳で、ネガティブな音は左耳で聴く
☞P.116 6割の犬は右利き
☞P.145 嬉しいときはしっぽを右側で振る

ひんやりした鼻は熱センサーでもある

34

犬の鼻にはにおい感知のほかにもうひとつ役割があります。熱センサーです。犬の鼻はひんやりしていますが、これは**冷たいほうが獲物の体温を感知しやすい**から。熱源との温度差が大きいほど敏感に感知できるのです。**草食動物の鼻の頭は温かいのに、肉食動物は冷たい**のはそのため。犬の前に温かいものを差し出すと脳の一部が反応することも確かめられ、**放射熱の感知能力がある**ことがわかりました。

　こんな実験もあります。温かい食べ物（31℃）と冷たい食べ物（室温と同じ19℃）のうち温かいほうを選ぶよう訓練された犬は、2つを1.6m先に置き、板で隠してもちゃんと温かいほうを選べました。犬がいる側から食べ物のほうへ風が送られていたので、においの手掛かりもほぼなし。しかも食べ物はドライフードがたったの2粒です！

鼻紋は1匹ずつちがう

人の指紋がひとりひとりちがうように、犬の鼻の頭にある鼻紋という細い線からなる模様も、1匹ずつ異なります。鼻紋で個体識別するサービスもあり、犬の新しい識別法として期待されています。

人には聴こえない超音波を聴き取る　35

犬は人より高い音を聴くのが得意。耳のいい人でも17・6㎑までしか聴き取れませんが、**犬は最高47㎑の音を聴き取れます**。人が聴こえない音域を超音波と呼びますが、犬は超音波を聴き取れるということです。

犬が最もよく聴こえる（小さな音量でも聴き取れる）のは、左ページの図を見るとわかりますが8㎑あたり。これはふつうのピアノの鍵盤にはないほど高い音です。遠くから犬を呼び寄せるときなどに使う犬笛が人には聴こえないほど高い音なのは、犬には聴き取りやすい音域だからなのです。

不思議なことに、**犬種によって耳介《じかい》の大きさや鼓膜のサイズが大きく異なるのに聴力にはほぼ差がありません**。ダックスフンドの垂れ耳をテープで留めて耳孔をあらわにしても聴力はアップしないそうです。

音程のちがいを聴き分ける
実験で、半音のさらに4分の1の音の高さを区別できることがわかっています。驚異の音感です。
わずかなリズムの差も聴き分ける
1分間に100回のリズムで鳴る音と、96回で鳴る音を聴き分けられることがわかっています。リズム感もバッチリ！

犬と人の可聴域のちがい

人も犬も、中音域は小さい音量でも聴こえ、高音や低音になるほど大きい音量でないと聴こえなくなります。例えば16kHzの音は、犬なら約10dBの音圧で聴こえますが、人は20dB以上ないと聴こえません。

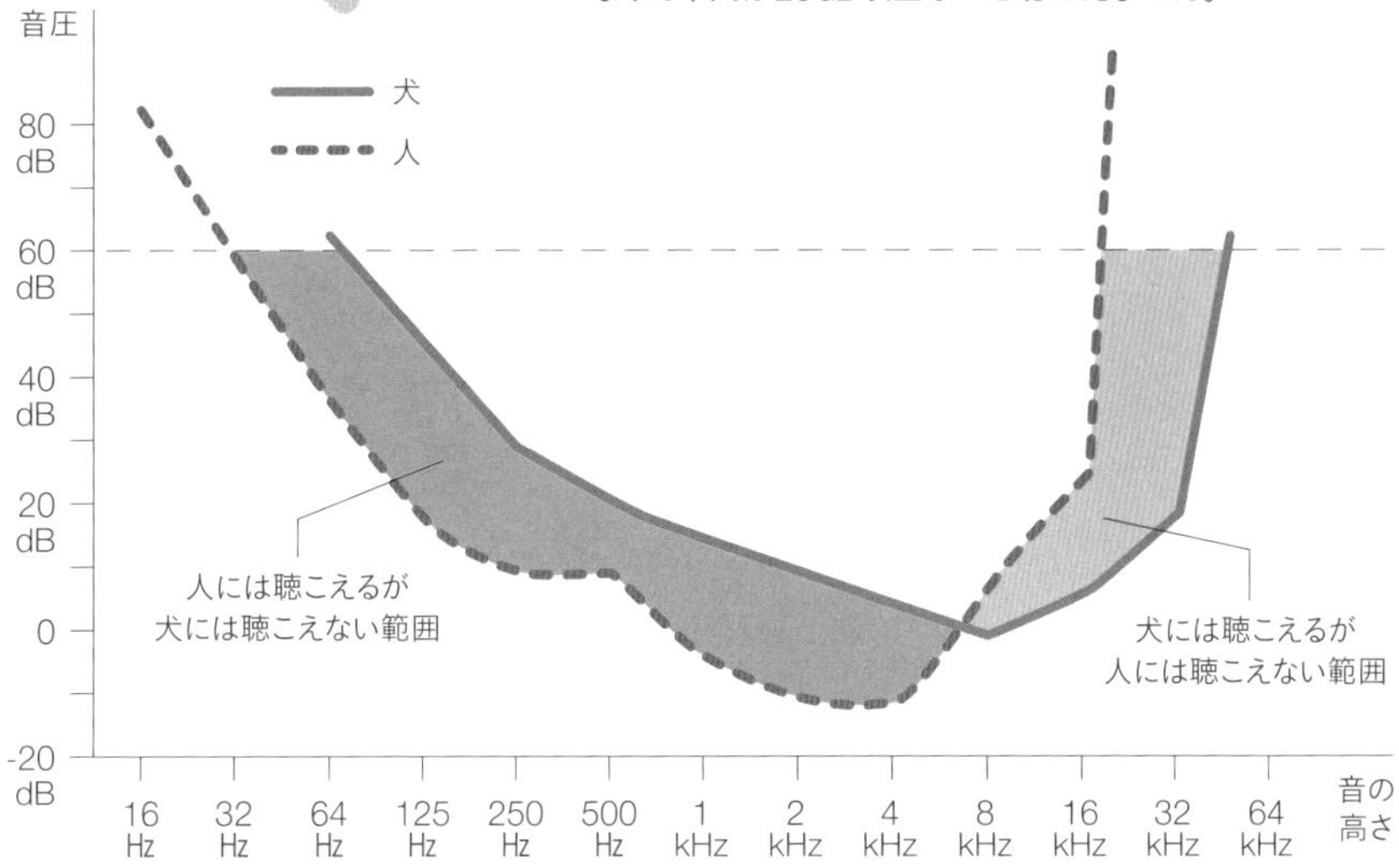
音圧
犬
人
80 dB
60 dB
40 dB
20 dB
0
-20 dB
人には聴こえるが犬には聴こえない範囲
犬には聴こえるが人には聴こえない範囲
16 Hz
32 Hz
64 Hz
125 Hz
250 Hz
500 Hz
1 kHz
2 kHz
4 kHz
8 kHz
16 kHz
32 kHz
64 kHz
音の高さ

難聴の犬

犬は白い毛色の割合が増えるほど難聴率が高まります。メラニンを抑制する遺伝子は内耳の形成にも影響を及ぼすからです。マールという模様(P.79)の犬は黒い毛を部分的に薄める遺伝子をもちますが、これもメラニンを抑制する点は同じ。マールの遺伝子が2つ揃うと難聴になるため、マールどうしの繁殖は禁じられています。

聴覚を使って働く犬

聴導犬

耳の不自由な人に時計のアラームやインターフォンの音、面倒を見ている赤ちゃんの泣き声など生活に必要な音を行動で伝えます。中型犬や小型犬も活躍しています。

7:00
Hearing DOG

声だけで飼い主を認識できる 36

蓄音機に向かって首をかしげる犬の絵をご存じでしょうか。音響機器会社ビクターのトレードマークで、19世紀のイギリスにいたニッパーという犬がモデルです。ニッパーはマーク氏の愛犬でしたが、マーク氏が病死し彼の弟に引き取られました。

ある日、弟が**家にあった蓄音機でかつて録音したマーク氏の声を再生したところ、ニッパーは蓄音機に近寄り不思議そうに耳を傾けました**。画家だった弟はそれに心を打たれ、この絵を制作。絵がグラモフォン社（ビクターの母体）の設立者の目に留まり、会社のロゴマークに採用されました。

最近の実験で、**犬は飼い主の声を聞くと飼い主の顔を思い出す**ことが証明されました。ニッパーも蓄音機に耳をかたむけながら、マーク氏の顔を思い出していたにちがいありません。

ほかの犬のサイズを うなり声だけで 推測できる

37

小さいバイオリンは高い音、大きいコントラバスは低い音を奏でますよね。楽器が大きくなるほど出す音は低くなるのがセオリーです。犬も同じで、**大きい犬は低い声、小さい犬は高い声を出します**。犬もその原理をわかっていることが実験で証明されました。犬の「ヴ〜」といううなり声を流しながら、その声の持ち主の原寸大画像と、それを30％拡大または30％縮小した画像を見せると、犬はちゃんと原寸大のほうを見つめたのです。「この声の主はあっちの犬だろう」と推測できるのですね。

これは**犬どうしが優劣を決めるときにも役立っている**可能性があります。夜間などで視界が悪いときも、相手のうなり声だけで「あっ、コイツは自分より大きいな。戦わずに引き下がっておこう」などの判断ができるわけです。

?

犬を抑制したいときは低い声で

犬を走らせるなど行動を促したいときは高い声で「カムカムカム！」など言葉をくり返すと効果的。逆に、その場にとどまらせたいなど行動を抑制したいときは「ステーイ」など音を伸ばしてゆっくり低い声で言うとよいことがわかっています。

ポジティブな音は右耳で、ネガティブな音は左耳で聴く

38

P.96で犬は右の鼻の穴と左の鼻の穴を使い分けることをお伝えしましたが、耳も同じ。ただ、鼻とは逆で右耳は左脳と、左耳は右脳と優先的にリンクしています。そのため**ポジティブな音は右耳（左脳）で、ネガティブな音は左耳（右脳）で聴く**という特徴があります。

これを実証したのはイタリアの研究チーム。犬の右側と左側にスピーカーを置き、犬がフードを食べているときに2つのスピーカーから同時に音を出して、犬がどちらに顔を向けるかを調べました。右脳が活性化すれば左耳が優先となり、左側を向くはずという理屈です。30匹の犬で実験した結果、**人の悲鳴や泣き声、怒った声、雷の音では左を向き、人の笑い声では右を向きました。**怒った声や悲鳴を聴いたあとは食事をなかなか再開せず、ストレス行動も多く見られたそうです。

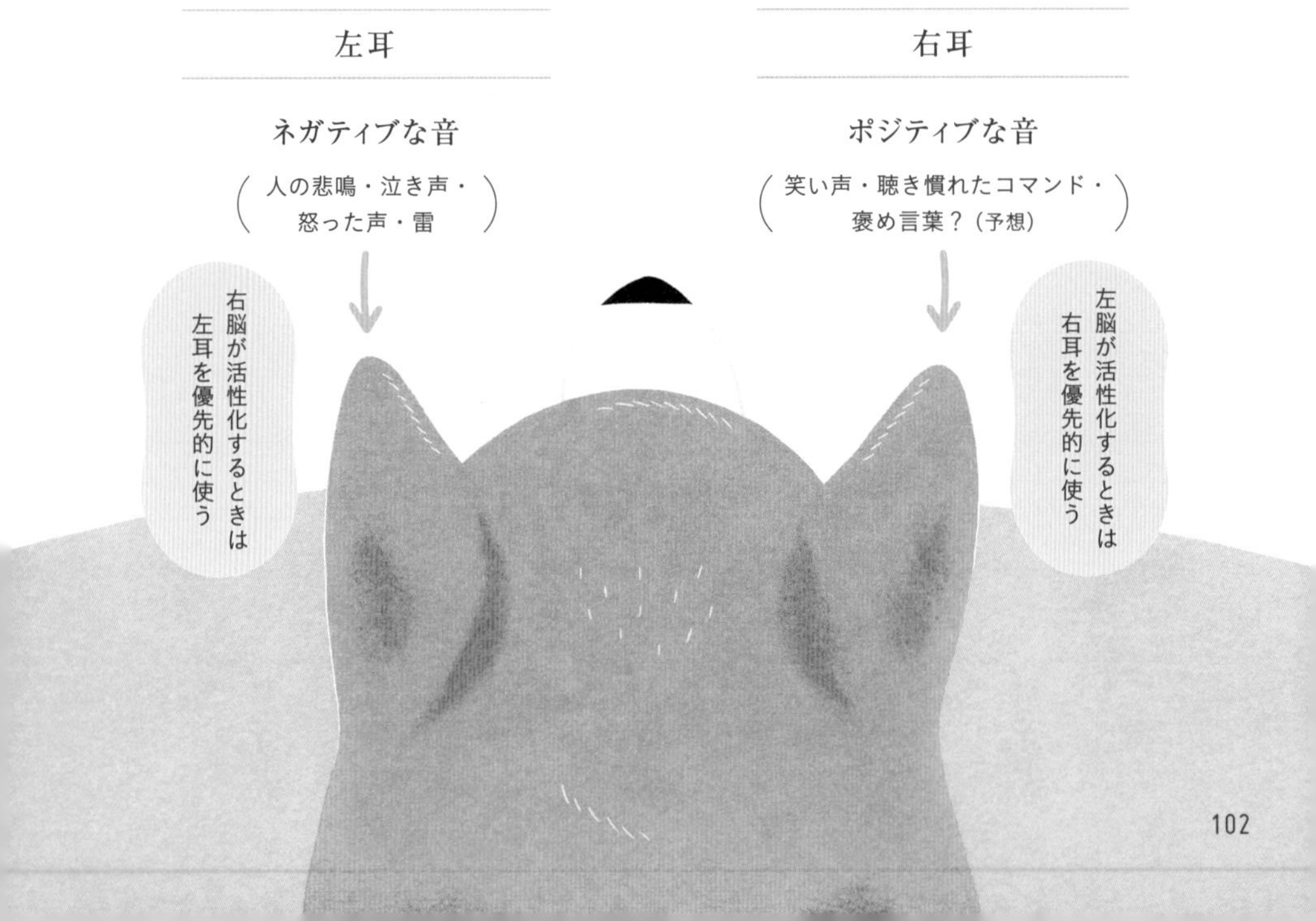

左耳
ネガティブな音
人の悲鳴・泣き声・怒った声・雷
右脳が活性化するときは左耳を優先的に使う
右耳
ポジティブな音
笑い声・聴き慣れたコマンド・褒め言葉？（予想）
左脳が活性化するときは右耳を優先的に使う

39 犬にも「カクテルパーティ効果」がある

ココちゃん

騒がしい人混みのなかでも、自分の名前や気にしている言葉だけはなぜか耳に入ってくる現象を「カクテルパーティ効果」といいます。不思議なもので、脳は自分にとって重要な言葉を勝手に取捨選択するんですね。

2019年の実験で犬にも同じ現象があることがわかりました。スピーカーから「9人が同時に別々の本を朗読する」という声を流しながら、さらに複数の犬の名前をつぎつぎ呼ぶ声を流すと、**犬はちゃんと自分の名前が呼ばれたときにスピーカーに顔を向けた**のです。名前を呼んだのは見知らぬ女性の声で、犬は自分の名前を理解していることも証明されました。

40 高齢犬はネガティブな物事をスルーする？

人間の高齢者はネガティブなものへの反応が薄くなり、ポジティブなものだけに反応するようになるそうです（ポジティビティ・エフェクト）。犬にもこれがあるかもしれないことが実験で示唆されました。部屋に飼い主と犬を入れ、スピーカーから人の笑い声や咳、泣き声などを流すと、**高齢犬は泣き声のときだけ反応しない**傾向があったのです。音量はどれも同程度で、泣き声以外では反応したので、耳が遠くなったわけではありません。

ポジティビティ・エフェクトが起こるのは残り少ない時間をよいことだけに使いたいという意識が働くためという説や、脳の偏桃体（ネガティブな感情を司る場所）の機能低下説があります。犬が残り時間を意識するとは考えにくいので後者の説が濃厚。これは晩年のストレスを減らすギフトかも……？

41 モーツァルトを聴くと落ち着く

2023年、このような実験が行われました。犬に45分間音楽を聴かせ、鎮静剤を投与したあとにまた45分聴かせ、各ポイントで鎮静度を測るというもの。流す音楽はショパンのノクターンとモーツァルトのソナタ、そして比較対象としての無音。結果は**モーツァルトの音楽が一貫して鎮静度が高く、次点がショパン、最下位が無音**でした。

動物は基本的に自分の心拍数より速いテンポの音楽を聴くと交感神経が優位になって活発になり、逆に心拍数より遅い音楽を聴くと副交感神経が優位になって落ち着くことができます。今回モーツァルトの鎮静効果が高かったのも最もテンポが遅かったせい……だとしたら話が簡単だったのですが、そうではなく、遅かったのはショパンのほうなんです。

ではなぜモーツァルトのほうが鎮静効果が高いのか。犬が聴き取りやすい高音を多用するからともいわれていますが、現時点では残念ながら不明。モーツァルト・マジックとしかいいようがありません。モーツァルトの曲はほかにも**てんかん発作を防ぐ**、**認知能力や学習効率を高める**など数多くのデータがあり、いまも研究が続けられています。

この実験で使われたモーツァルトの曲は「Sonata for Two Pianos in D major, K. 448」。愛犬をリラックスさせたいときに聴かせてみては？

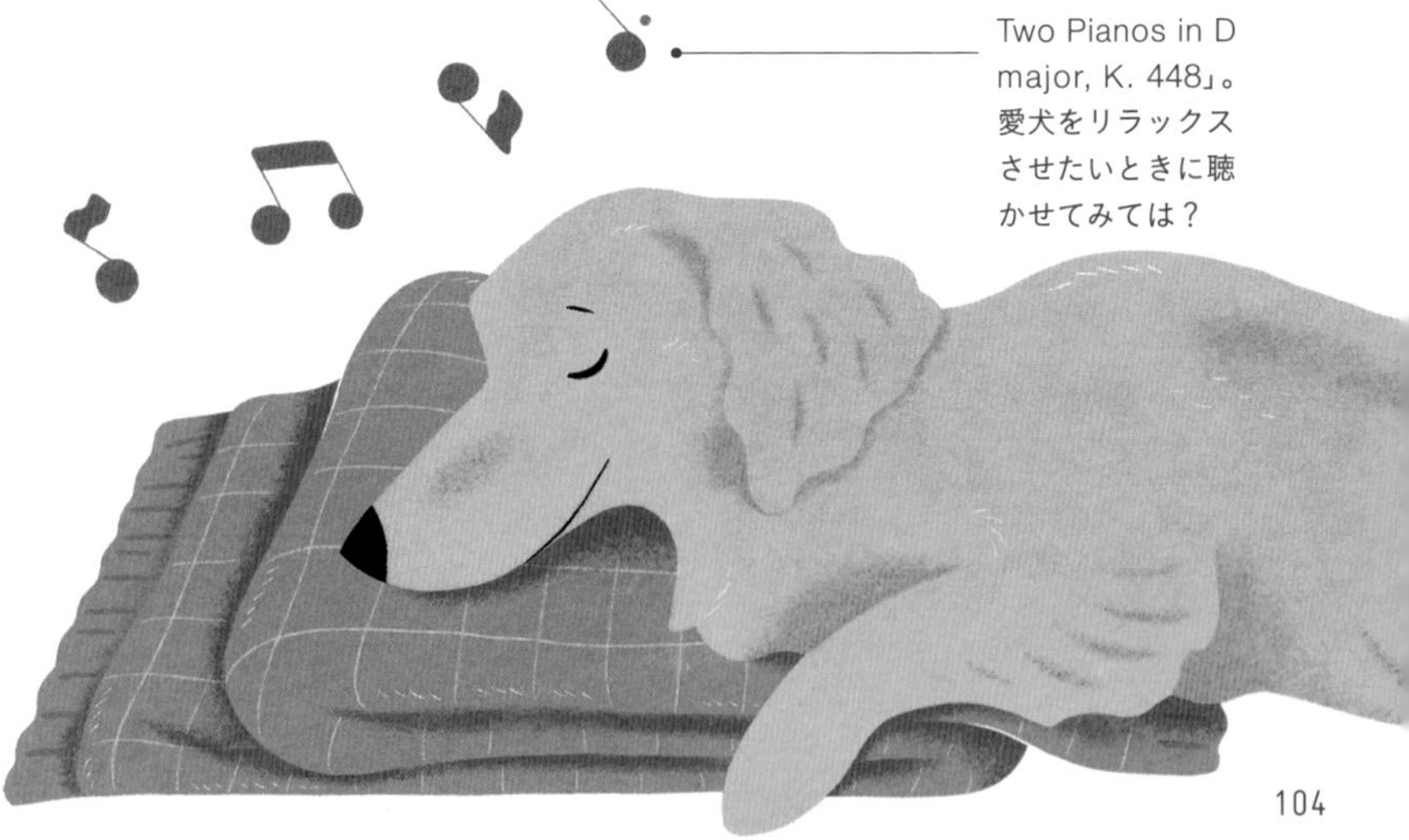

犬の視野は顔の形で異なる 42

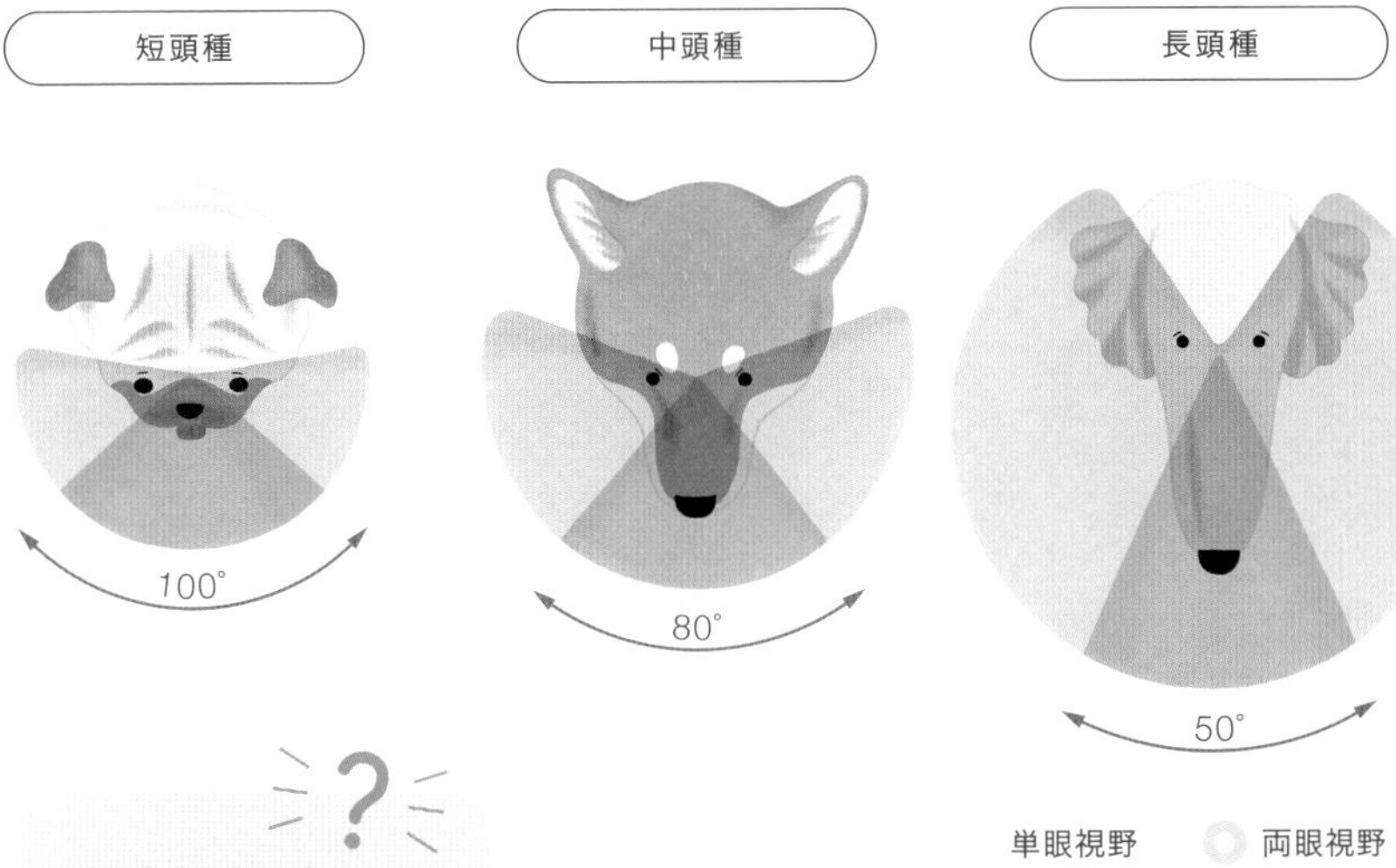
短頭種
中頭種
長頭種
100°
80°
50°
単眼視野
両眼視野

視力は0.2くらい

犬が対象物を細かく見分ける視力(静止視力)は人より劣っており、だいたい0.2くらいといわれます。そのため視界はぼんやりしていますが、動体視力はすぐれており動くものには敏感です。

ちなみに人の両眼視野は120°くらい。両眼で立体的にものを見る力は犬よりすぐれています。


犬は長頭種から短頭種まで顔の形がさまざまです。馬などの草食動物は両眼視野が狭い代わりに単眼視野が広く、頭の後ろのほうまで見渡せることが知られていますが、**犬も顔の形によって視野が異なります。**

視野の範囲は上記の通り。犬の前にいる人が一瞬だけ指差した食べ物を探し当てるという実験では、短頭種は最もいい成績を収めます。これは**短頭種の視野が狭く前方だけに集中しやすい**からといわれています。

43

動体視力がよすぎて人工の明かりはチカチカして見えるかも

人工の照明はじつは超高速で点滅しています。点滅していないように見えるのは、人の目が感知できる限界を超えているから。光の点滅を識別できる限界値は動物によって異なり、人の場合は1秒間に50~60回以上の点滅は感知できません。

しかし**犬の動体視力は人よりすぐれており、1秒に80回以上の点滅を感知できます**。つまり人には感知できない照明の点滅を犬は感じ取っている恐れがあるのです。人もチカチカしている照明の下では気分が悪くなるなどの悪影響が出ることがありますが、蛍光灯がついた犬舎で過ごす犬たちも口のまわりをなめる、浅い呼吸をくり返すなどのストレス行動を多く見せたというデータがあります。蛍光灯がストレスの原因であると確定できたわけではありませんが、犬が過ごす部屋の照明はフリッカーレス（点滅率軽減）のＬＥＤにしておくと安心です。

ちなみにハエは1秒間に２５０回までの点滅を感知できます。動体視力が驚異的にすぐれているのです。人がハエを叩こうとしてもなかなか当たらないのは、ハエには人の動きが超スローに見えているからといわれます。

44 ストライプはなぜか苦手

　人が着ているシャツの柄で犬の反応は変わるのか、調べてみた実験があります。シャツの柄は白黒の縦縞と横縞で、縞は細いものから太いものまで数種類、それと柄のない無地。ひとりの男性がシャツだけを着替え、保護施設にいる犬の前をゆっくりと歩いて反応を見ました。

　実験の結果、**犬たちは用意したなかで最も細い縞（幅１㎝）に最も多くのストレス行動を見せました**。縦縞と横縞では横縞のほうがやや反応が強く、ストレス行動が最も少なかったのは無地という結果でした。

　追加の実験として、今度は女性がシャツを替えて歩きました。シャツは幅１㎝の横縞、水玉模様（白地に直径１㎝の黒い水玉）、それと無地。**犬たちはやはり横縞のシャツを最も警戒**し、無地には警戒しませんでした。

　自然界には毒蛇や毒ガエルなど、派手な色彩と縞模様をもつ生き物がたくさんいます。保護施設にいた犬たちもそれを本能的に知っていて、縞模様に脅えたのでしょうか？　とにかく犬に初めて会うときには、縞模様の服は避けたほうがよさそうです。

縞模様を怖がる

とくに犬と初対面のときは、縞模様の服は避けたほうがよさそう。警戒されて仲良くなれないかも……。

45 犬の見ている世界に赤はない

目の視細胞には光を感知する桿体《かんたい》細胞と色を感知する錐体《すいたい》細胞があります。錐体細胞は人間では3種類あり、3種類の錐体細胞で色を見分けています。犬は錐体細胞の数が少なく、しかも2種類しかないため、おのずと**見分けられる色が限られます**。犬の祖先であるオオカミは夜行性で、夜間はそもそも色を見分けにくいため色の識別能力はあまり必要がなかったのです。

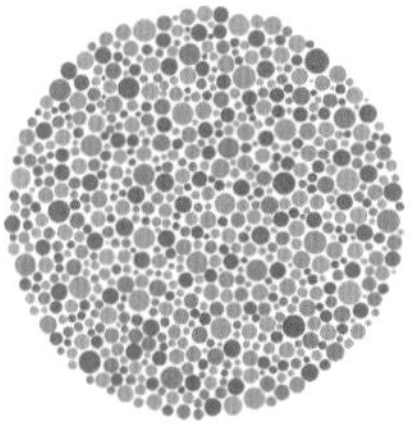

犬の目に赤色に反応する錐体細胞はほぼ、あるいはまったくありません。そのため明度が同程度の赤と緑は区別できません。

人では青緑に見える波長が犬には無彩色に見える

480nmの波長は人には青緑色に見えますが、犬は無彩色と区別がつかないことが実験でわかっています。

犬には紫外線が見えているかも！

人には見えない紫色の外の波長、紫外線。それが犬には見えている可能性があります。見えているとすれば、犬が見ている世界は人間とはまったく異なるでしょう。この2つの画像は同じ花ですが、右側は紫外線を感知するカメラで撮ったもの。花の中央が目立って見えます。昆虫はこのように花を見ており、蜜のありかがはっきりとわかります。犬にもこのように人とはちがう世界が見えているのかもしれません。

46

水にだけ反応する味蕾がある

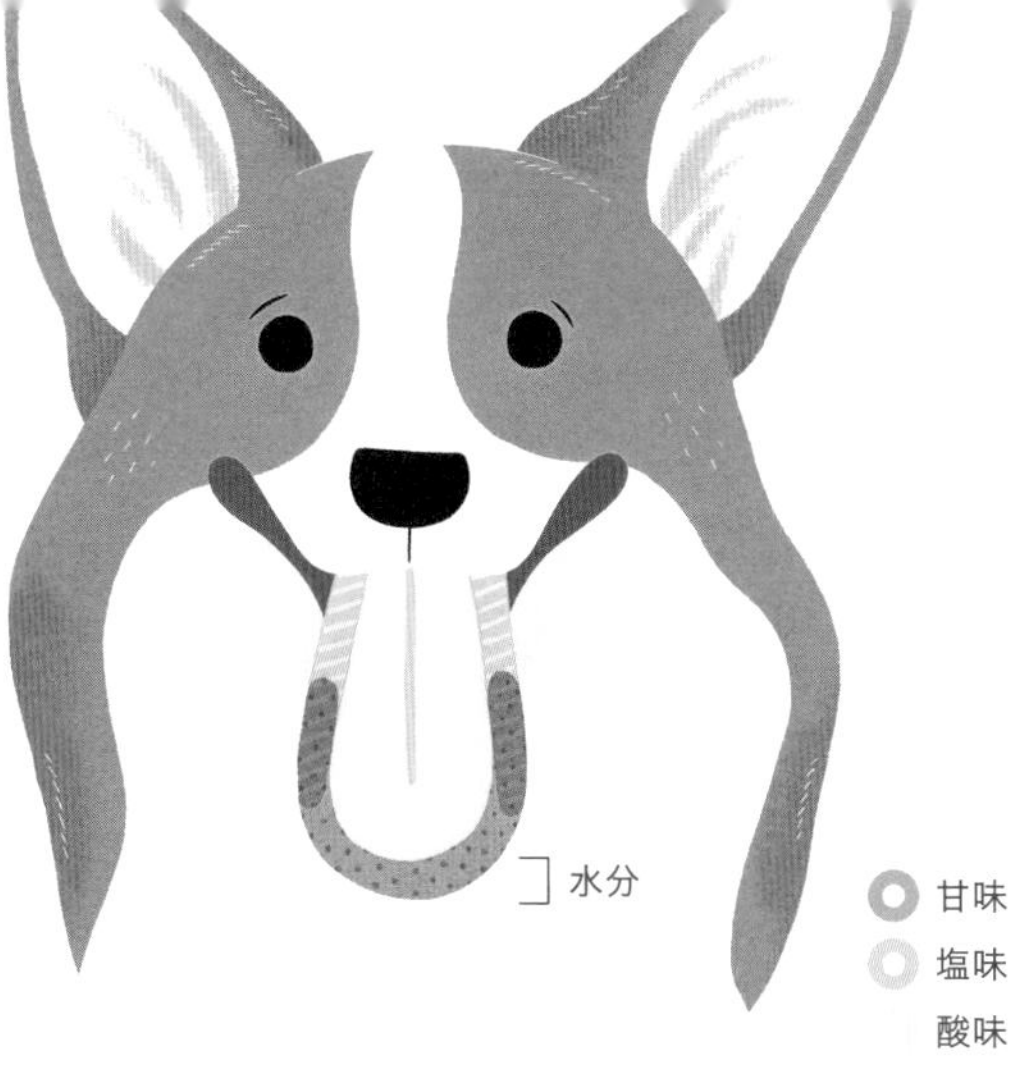

味を感知する**味蕾《みらい》細胞の大事な役割は、危険な食べ物を感知する**ことです。腐ったものや毒性のあるものを「不味い！」と感じて吐き出すことで身体を守るのです。

味蕾細胞の数が多いほど味に敏感になります。哺乳類のなかで味蕾が圧倒的に多いのは草食動物です。植物は種類が多く、季節によっても変わり、味も多種多様ですよね。味の選別のために多くの味蕾が必要というわけです。牛は約2万5000個の味蕾をもっています。

いっぽう肉食動物は季節に変わりなく食すものはいつでも動物の肉。なわばり内にいる獲物の種類も限られており、**味の選別はさほど必要ありません**。腐った肉（酸味）さえ選別できれば基本的には大丈夫。**犬の味蕾は約1700個**しかありません。

ただ、**犬には「水にだけ反応する味蕾」があります**。甘味や塩味を感じたあと（つまり獲物を食したあと）に感度が高まり、水が飲みたくなるようできています。食事によって崩れた体液バランスをすばやくもとに戻すしくみがあるようです。この味蕾は人では確認できていません。

味蕾の数

牛（草食）	25,000
人（雑食）	9,000
犬（雑食）	1,700
猫（肉食）	500

47 味やにおいの好みは胎児のときから作られる

食べ物の嗜好性は、幼少期にそれを食したかどうかという経験に大きく左右されます。実験で子犬に野菜や大豆しか与えずに育てると、本来は好きなはずの肉を食べなくなるそうです（栄養不良になるので一般家庭でこのような育て方はしないでください）。

このような**味やにおいへの嗜好性を決める経験は、母親のおなかにいるときから始まっている**ようです。妊娠中の母犬に特定の風味がついた食べ物を与えると、成長した子犬もその風味を好んで食べるようになるという実験結果があります。胎児のときに慣れ親しんだ味を好むようになるのです。

ラットの実験で、妊娠中の母親の羊水にシトラール（レモンのような香り）の成分を注入すると、生まれた子がシトラールへの強い好みを示すようになるというデータもあります。母親の乳首にシトラールを塗ると、塗っていない乳首よりも好んで吸いつくようになるのです。さらにこの実験には続きがあります。**シトラールの香りのする母親に育てられた息子は、成長後にシトラールの香りのするメスを好むようになった**のです。母親といたのは授乳中の短い期間だけだったのにも関わらずです。幼少期の経験は、将来の異性の好みにまで影響するんですね……。

48

犬には方位磁針が備わっている

南北の軸に合わせて排泄

犬の排便1,893回と排尿5,582回のデータをとった結果、体を南北に向けていることが多いとわかりました。真面目な実験なのですが、排泄中の犬を数千回も観察したかと思うとちょっとおもしろい。

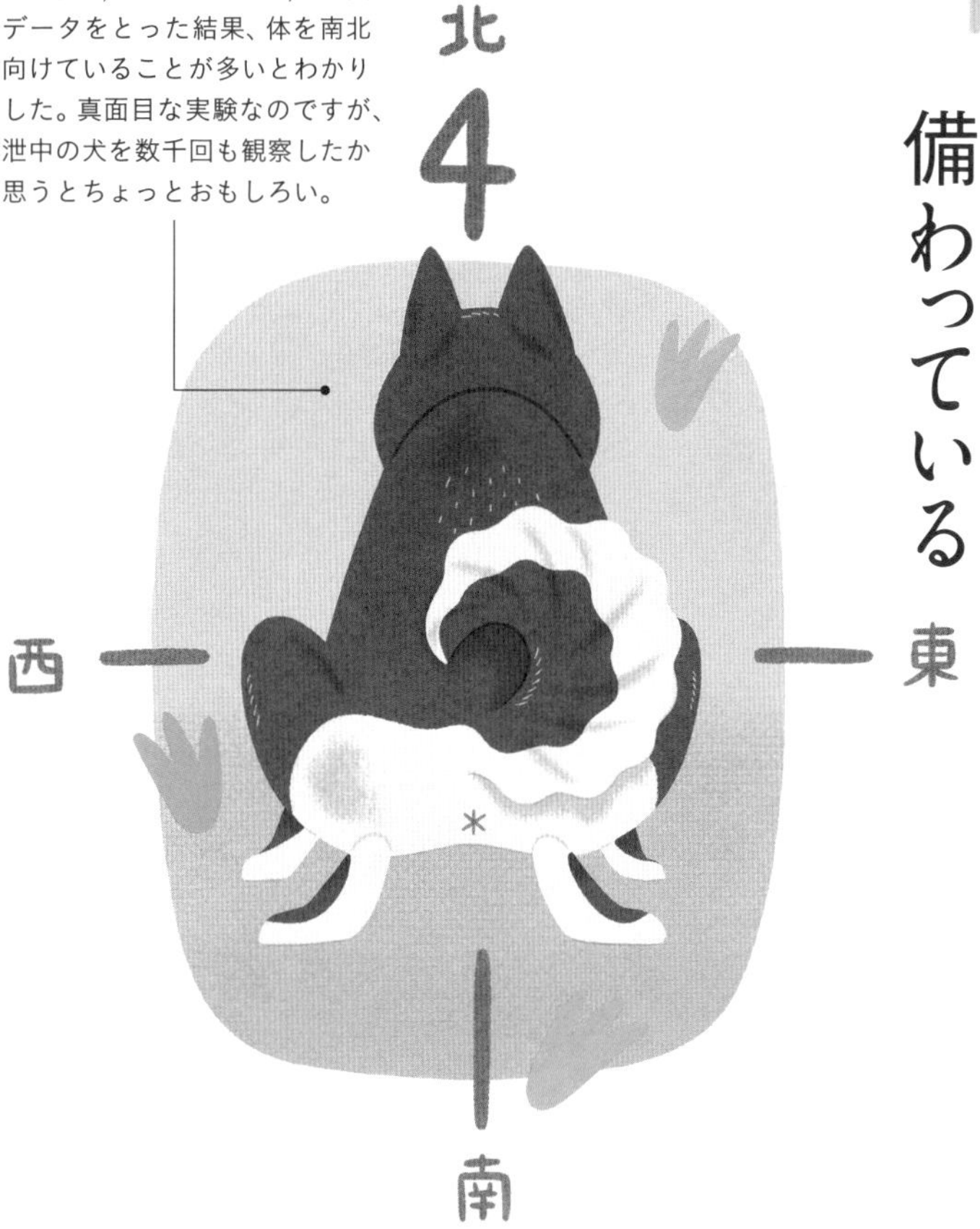

犬は排泄するとき、体を南北の方向に向けることが研究でわかりました。北が頭で南がおしり、あるいは南が頭で北がおしりの向きで犬は排泄することが多いのです。つまり**犬には地球の磁気を感じる能力がある**のです。磁石を地中に埋めた場所や、磁気嵐の日には方向がずれがちというデータもそれを裏づけます。

そもそも**地球の磁気を感知する能力は多くの動物に見られます**。渡り鳥しかり、ウミガメしかり。本来動物には備わっている能力を人間だけが失ってしまったのかもしれません。ただ、犬がなぜ「排泄中」に南北を向きたがるかは依然として謎のまま。牛や鹿は草を食べたり休んだりするとき体を南北に向けるのですが、南北に向けると気持ちが落ち着くなどの効果があるのでしょうか？　今後の研究が待たれます。

49 犬が自力でもとの場所に帰るのは方位磁針の力？

初めて来た森の中で、犬はもとの場所に戻れるか？という実験が行われました。はじめ、飼い主と犬はいっしょに森を散策。森には野生動物がおり、犬はリードなしで自由に追いかけることができました。犬にはGPSと小型カメラが装着されていて、飼い主から100m離れると飼い主側に通知が届く設定です。通知が来たら飼い主は犬を大声で呼び戻し、近くの木の後ろに隠れて待機。犬がこの場所に戻って来られるかどうか試すのです。

27匹の犬で計622回テストしたところ、**622回のテストすべてで犬は飼い主の場所まで無事帰還**。なんと

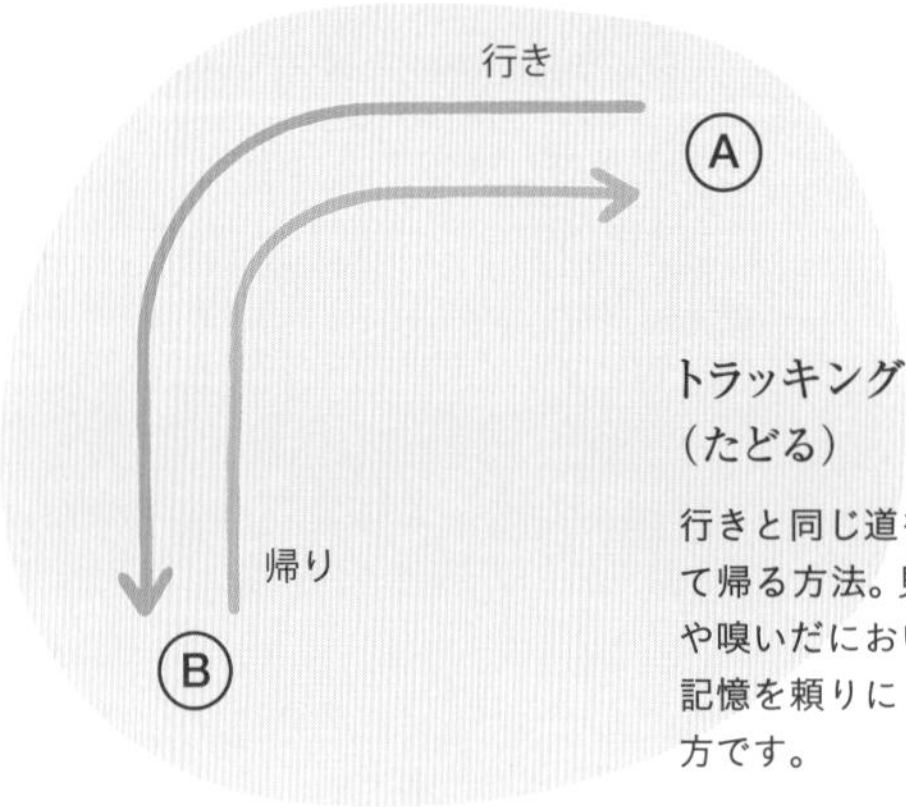

トラッキング
（たどる）

行きと同じ道をたどって帰る方法。見た景色や嗅いだにおいなどの記憶を頼りにした帰り方です。

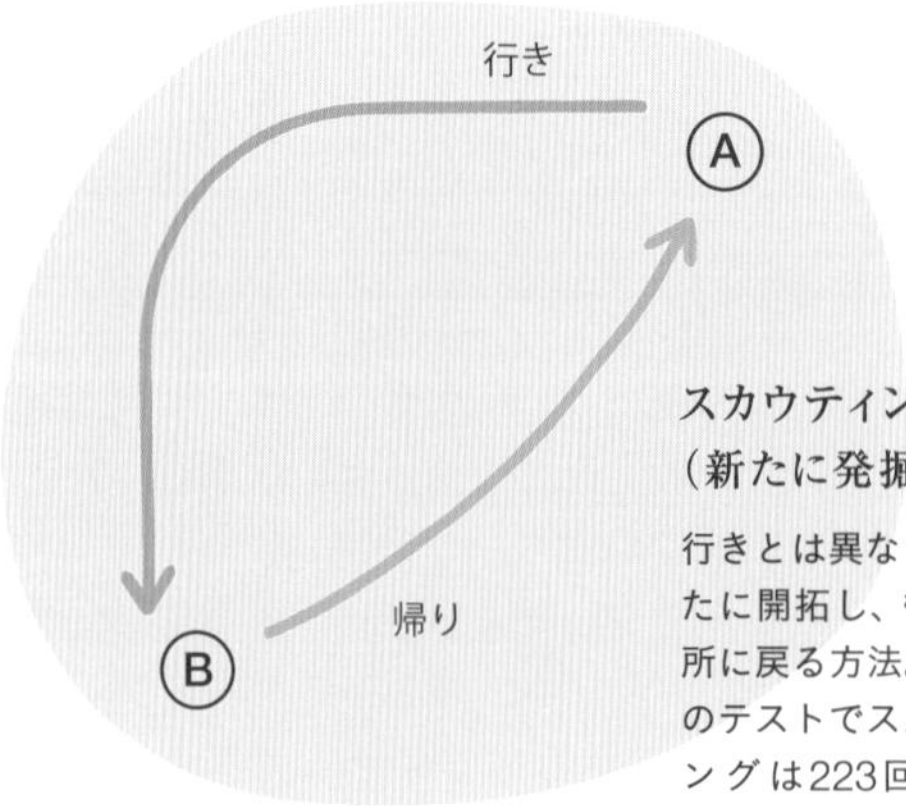

スカウティング
（新たに発掘する）

行きとは異なる道を新たに開拓し、もとの場所に戻る方法。622回のテストでスカウティングは223回見られました。

100%の帰還率でした。
後日、GPSデータの解析により、犬がもとの位置に戻るのには2つの方法があることがわかりました。ひとつは来た道をたどる「トラッキング」。視覚や嗅覚などの記憶を頼りにした帰り方です。もうひとつは行きとは異なる近道を見つける「スカウティング」。これができるのは**犬にすぐれた方向感覚がある証拠**です。スカウティングで帰る犬たちの走るスピードはトラッキングの犬たちより速く、「こっちだ!」という確信があったこともわかります。

興味深いのはスカウティングで戻った犬たちがある共通の行動を見せたこと。戻るとき、**必ずはじめに北や南に20mほど走った**のです。戻る方角に関わらず、走るのは必ず南北の方向。研究者はこれを**方位磁針を起動させるための動き**ではないかと語っています。

もとの家に自力で帰った犬たち

4,800㎞の道のりを帰宅したボビー

19世紀、アメリカのインディアナ州からオレゴン州まで歩いて帰ったといわれるボビー。飼い主との旅先でボビーがほかの犬に襲われて逃げ出し、迷子に。6か月後にボロボロの姿で自宅に現れました。途中でボビーに食事を与えたりケガを治療したりした人がおり、このエピソードは書籍や映画にもなりました。

オレゴン州にあるボビーの像。

滋賀県から兵庫県まで帰った柴犬ジロー

1987年、一軒家からマンションに引っ越すため、滋賀県大津の親戚宅に預けられたジロー。しかしジローは1週間で脱走し行方不明に。730日後、兵庫県西宮の飼い主宅に現れ世間を騒がせました。引っ越し先は知らないはずなのにマンションの外に現れたのは不思議としかいいようがありません。

ジローの話は書籍になっています。『帰ってきたジロー 柴犬・730日愛と勇気の旅』(ハート出版)

50 最も速く走れるのはサルーキやグレーハウンド

犬の祖先であるオオカミは獲物を追いかけ続け、獲物が疲れて足が遅くなったところを襲うという狩りのスタイルです。ですから**犬が得意なのは短距離走より長距離走**。MAXのスピードはチーターのような短距離走者には敵いません。ただ、サルーキやグレーハウンドなどの視覚ハウンド（P.62）は狩猟犬として速く走れるよう改良されてきました。そのため**30秒ほどなら時速65㎞のスピードで走ることができます**。長くすらりと伸びた足とスリムな体つきは、まるで犬界のサラブレッド。心肺機能にもすぐれ、体重に対する心臓の重さは平均的な犬の2倍です。

犬種別の短距離走

ほかの犬種が足で視覚ハウンドに勝つのは無理。が、同じ犬種内ならどうか？　飼い主としては挑戦したくなるようです。アメリカのケネルクラブは犬種ごとの短距離走の記録を取っています。2023年の記録ではパグの1位は時速35㎞、チワワの1位は時速39㎞。小さい体で一生懸命走る姿は応援したくなります。

51 体重25kg以上の犬に犬ぞりの仕事はできない

犬ぞり競技では氷点下40℃以下のなか、自分の体重の2倍以上もある荷物を引きながら1日8時間走り続けます。犬ぞりはパワーだけでなくスタミナが必要な重労働なのです。

パワーのない小型犬に犬ぞりの仕事ができないのはもちろんですが、体重25kg以上の犬にもできないといわれます。なぜなら体温をうまく放出できないから。基本的に動物は大きくなるほど体重あたりの体表面積の割合が小さくなり、体温を放出しにくくなります。そのため同種でも寒い地域にすむ者はずんぐりと体が大きく、暑い地域にすむ者は小柄で細身になります。そり犬の場合、**体重25kg以上だと運動で生じる熱がうまく放出できなくなり、ダウンしてしまう**そう。体重15kg以上25kg未満の犬がちょうどよいのだそうです。

そりを引く犬種

- シベリアン・ハスキー
- アラスカン・マラミュート
- アラスカン・ハスキー
- サモエド
- グリーンランド・ドッグ
- カナディアン・エスキモー・ドッグ
- チヌーク
- 樺太犬　など

52

6割の犬は右利き

犬の利き手（よく使う側の前足）については多くの研究が行われています。犬の利き手を調べて何の役に立つの？と思うかもしれません。じつは、**利き手は犬の性格を知る手掛かりになる**のです。

ネガティブな感情は右脳を、ポジティブな感情は左脳を活性化しますよね（P.96、102）。そのため**悲観的な犬は右脳の活性が強く、右脳とつながっている左が利き手に、楽観的な犬は左脳の活性が強く右利きになる**という説があります。実際にこれを裏づける研究結果があり、右利きの犬は左利きや両利きの犬と比べて楽観的でストレスを感じにくい、右でも左でも利き手が決まっている犬は、そうでない犬と比べて社交性が高く攻撃衝動が低いなどのデータがあるのです。これらの研究をもとに、盲導犬や救助犬候補生には右利きの犬を優先的に選ぶなどの取り組みが行われています。

犬の利き手の有無を調べた調査のなかで最も大規模なものは、２０２１年のアメリカの家庭犬を調べたデータ。**1万7901匹の犬のうち、利き手があったのは約74%。そのうち58%は右利き**という結果でした。犬の大半は社交的ということかもしれません。

☞P.135
犬にも楽観的なタイプと悲観的なタイプがいる

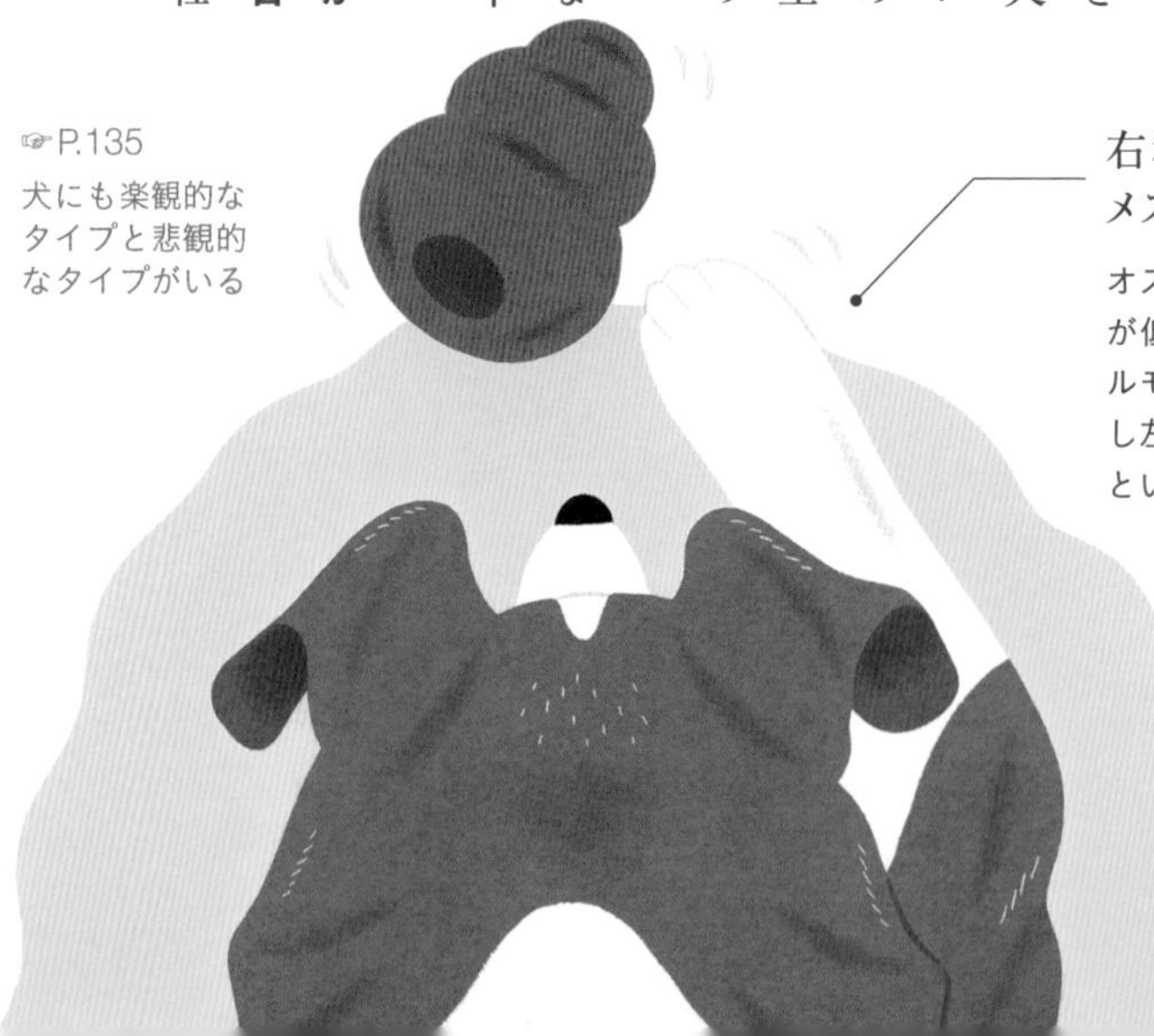

右利きはオスが56%、メスが61%

オスのほうがやや右利き率が低いのは、オスは男性ホルモンの影響で右脳が発達し左利きになりやすいからといわれています。

53 盲導犬に向いているのは右利きでつむじが左まわりの犬

盲導犬の訓練成功率を犬の利き手別に調べてみると、**右利きや両利きの犬の成功率は64〜68%。それに対し左利きの犬は38%**でした。これほど圧倒的な差があるんですね。

さらに犬の「つむじ」と盲導犬適性率の研究も行われています。なぜつむじ？と思うかもしれませんが、これが大いに関係あるのです。犬のつむじは体の数か所にあります。前足のつけ根、肘など一対ずつあるものが多いのですが、オーストラリアの研究者は胸の中央にひとつだけあるつむじに注目しました。調べた結果、**胸のつむじが左まわり（反時計まわり）だと盲導犬合格率が61%であるのに対し、右まわりの犬はわずか29%**だったのです。

牛や馬の研究では、「顔の高い位置につむじがある個体は気性が荒い」、「顔につむじが2つある馬は新奇なものを怖がりやすい」などのデータがあります。犬の胸のつむじもおそらくは気質を表すのでしょう。しかしどうして、つむじと気質に関連があるのでしょうか。

現時点でははっきりしていませんが、母親の胎内で体が形作られる際、毛包を含む皮膚と神経系は同時に発生していくことが関係しているといわれます。愛犬の胸のつむじ、調べたくなりましたよね？

☞P.156 立って授乳する母犬の子どもは盲導犬に合格しやすい

54 脳は体の大きさほどの差はない

大型犬と小型犬の脳の大きさは、体の大きさほどの差がないことがわかりました。例えばナポリタン・マスティフとチワワは最大70倍もの体重差がありますが、脳は2倍ほどの差しかありません。チワワは小さな頭蓋骨の中にぎっしりと脳が詰まっているのに対し、マスティフは分厚い頭蓋骨の中に体にしては小さな脳が浮かぶように収まっているのです。

2倍しか差がないとはいえ、やはり大型犬のほうが知能が高いのでしょうか。**短期記憶に限っていえば、小型犬より大型犬のほうがすぐれている**よう

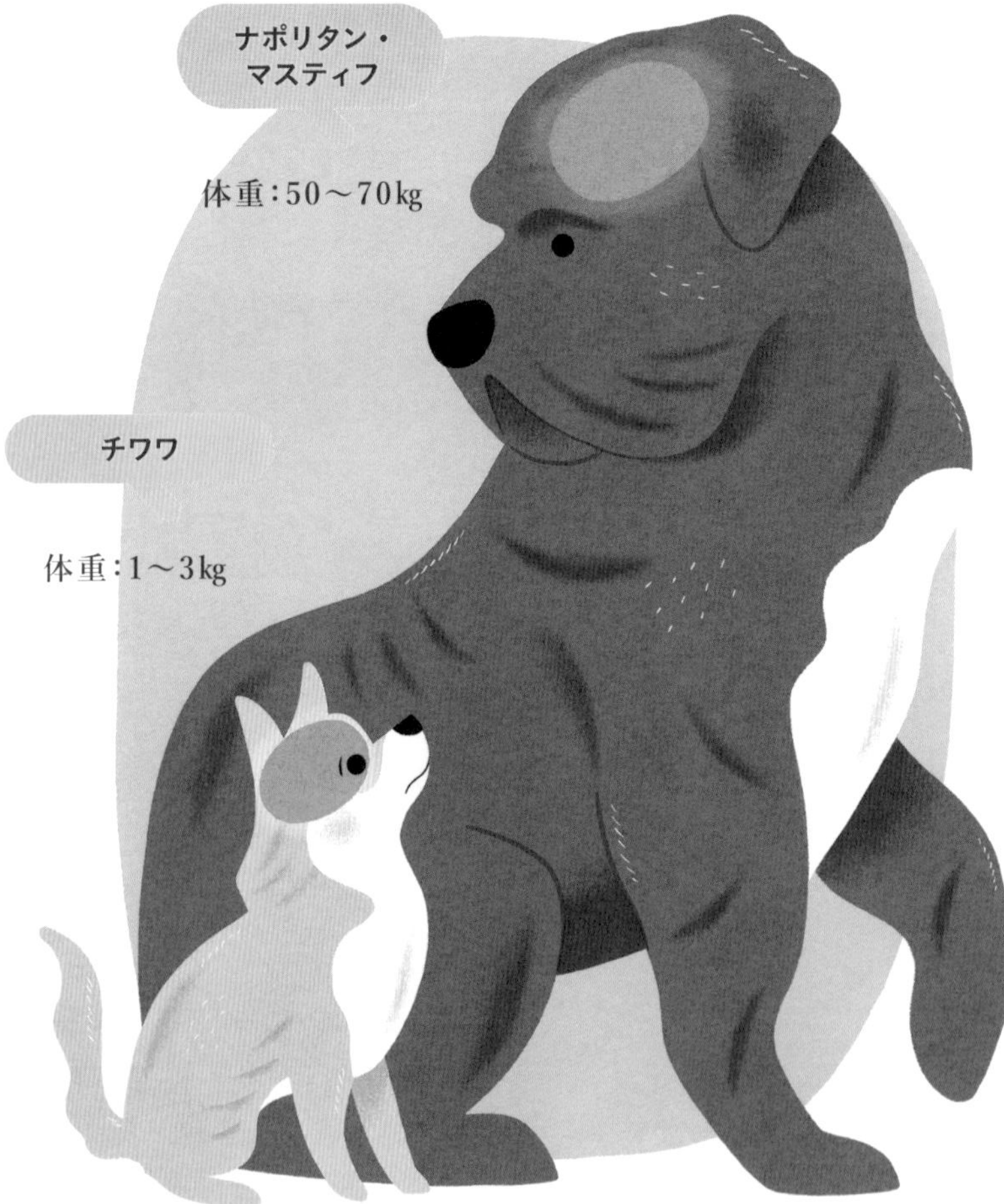

です。不透明な2つのコップの片方におやつを入れ、少し時間を置いてから選ばせると、大型犬のほうが長く覚えていられたというデータがあります。

また**自制心についても大型犬のほうがすぐれている**よう。おやつを食べないよう命じると、大型犬は小型犬より長い時間言いつけを守ることができたという実験結果があります。ただ、これは知能の差というより性格のちがいかもしれません。**大型犬は遺伝的に人に従順な個体が多い**のです。大型犬が狂暴だと人の命も脅かしかねないため、従順さを基準に選択繁殖されてきた歴史があります。いっぽう小型犬は愛玩犬がほとんどで見た目重視。従順でなくてもとくに問題視されません。そのため、言いつけを破っておやつを平らげるちゃっかり者が多いのでしょう。

「物体の永続性」を
理解している

「物体の永続性」とは、その物体が視界から消えても消滅したわけではなく存在しているという概念。人間では1～2歳で得る概念で、これを得る前の赤ちゃんは「見えなくなったものは消えた」と思っています。犬も物体の永続性はある程度理解していることが実験で確認されています。

脳が大きいほど あくびが長い

「あくびは脳を冷やすため」という説をご存じでしょうか。脳は温度が上がりすぎるとうまく働きません。動物は脳の機能を保つために無意識にあくびをしているという説があり、実際、あくびをすると効率よく脳を冷やせることがわかっています。哺乳類や鳥類では脳が重くなるほど1回あたりのあくびの時間が長くなります。つまり大きい脳ほどたくさん冷却が必要というわけ。犬種でのちがいを調べてみたところ、やはり脳が大きいほどあくびが長いことがわかりました。

55

1000以上の単語を覚えた天才犬がいる

ＢＢＣ（英国放送協会）が「世界一賢い犬」と称したのはボーダー・コリーのメス、チェイサー。驚異的な記憶力と推測力の持ち主です。飼い主のジョン・ピリー氏は元心理学教授で、退職後の趣味としてチェイサーにおもちゃの名前を教え始めました。ピリー氏がおもちゃのひとつひとつに名前をつけ（虫のぬいぐるみにLady Bug、黄色くて

丸いぬいぐるみにSunshineといった具合）、1日2個のペースでチェイサーに教えました。**3年のトレーニングでチェイサーが覚えたおもちゃの名前は1022個**。もっと教えることもできましたが、ピリー氏のほうが覚えきれなくなり中断したといいます。

チェイサーは「Lady Bagを持ってきて！」といわれると、たくさんのおもちゃのなかからそれをくわえて持ってくることができました。それを1022個ぶんできるだけでもすごいのですが、本当にすごいのはつぎの実験です。名前を覚えたおもちゃのなかにチェイサーの知らない新しいおもちゃを紛れ込ませます。そして「Craw dad（初めて聞く名前）を持ってきて！」と言うと――チェイサーはその新しいおもちゃをくわえて持ってくるのです！　**「知らない名前は、この初めて見るおもちゃのことだろう」という推測をした**のです。これは名前を覚えるよりはるかに高度な知能です。

さらにチェイサーには**物体のカテゴリーという概念**もありました。チェイサーのおもちゃにはたくさんのボールやフリスビーがあり、それぞれに固有の名前がつけられていましたが、単に「フリスビーを持ってきて」という指示にも従うことができたのです。

ちなみにピリー氏はチェイサーのトレーニングに食べ物を一切使わず、言葉で褒めたりスキンシップをしたり、ひとしきりいっしょに遊ぶなどのご褒美で教えたのだそう。すばらしいとしかいいようがありません。

賢いハンス

1900年ごろベルリンにいた馬ハンスは、賢い馬として世間を騒がせました。「2＋2は？」と尋ねたり紙に書いたものを見せると、ハンスは4回地面を足で打ち鳴らすのです。

しかしこれはあとになって、ハンスが計算ができるわけではないことがわかりました。ではなぜ正解できたのか。出題者や周囲の人々の反応からヒントを得ていたのです。地面を打っているあいだの人々の興奮の高まりや、正解の数まで打ったときの緊張感の解放などをハンスは敏感に感じ取っていたのです。その証拠に問題が書かれた紙をハンスだけに見せ、出題者も周囲の人々も答えを知らない状況だと、ハンスは正解できませんでした。

その後、動物の実験ではこれを教訓としています。動物が人の反応などほかの手掛かりからヒントを得ていないか、十分に注意したうえで実験が行われています。

56 首をかしげるのは何かを思い出そうとしているしぐさかも

チェイサー（P.120）のような天才犬の秘密を探ろうと、ハンガリーの研究チームが40匹の犬におもちゃの名前を教える訓練をしました。大半の犬はまるで覚えられなかったのですが、そのうちの6匹は2週間で18個の名前を覚えることができ、記憶力に明らかな差が見られました。

　名前の記憶テストは、犬に「〇〇を持ってきて」と言い、そのおもちゃを持ってこれるかで試されました。テストの録画を見ていたとき、研究者はあることに気づきました。**おもちゃの名前をたくさん覚えることができた犬たちは、人の指示を聞いたとき、首をかしげるしぐさを頻繁に見せていた**のです。さらに**首をかしげる方向は犬によってほぼ決まっていた**そう。研究チームはこれに対して、**首をかしげるのは記憶を探ろうとしているしぐさか**もしれないと述べています。これまで首をかしげるしぐさは、対象物をよく見ようとしているときや音源を探し出そうとするときによく見られるといわれてきましたが、さらに記憶の探索にも関係している可能性が生まれました。

57 微分積分できる犬がいる？

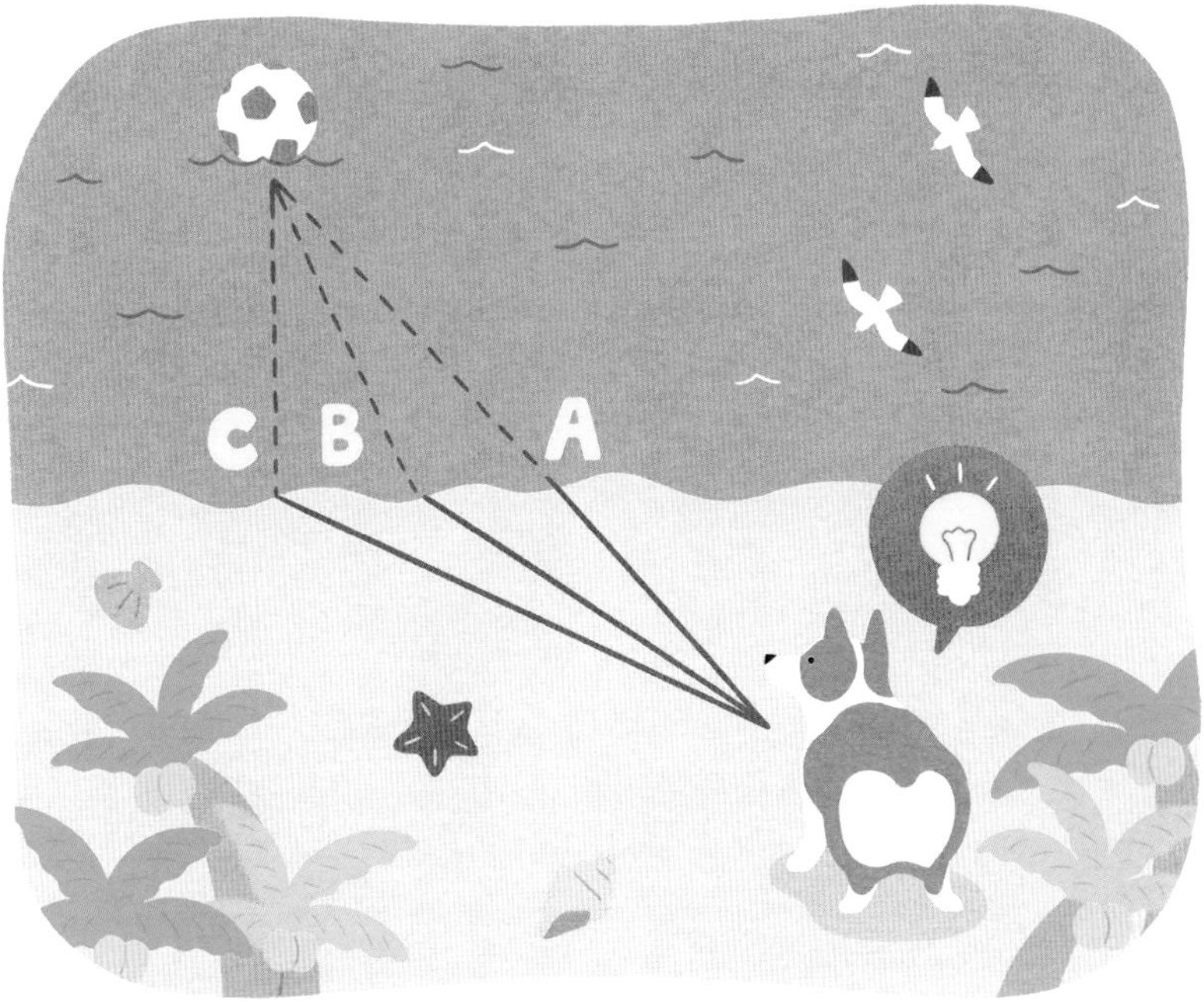

ふつう、海岸を走るより泳ぐほうがややスピードが落ちます。実際の速度にもよりますが、多くの場合ではBが最速ルートになります。

オランダの数学教授であるペニングス氏は愛犬のエルビスと海岸でボール遊びをしていて、あることに気づきました。海に投げたボールを取りに行くのに、エルビスは上のイラストでいうBのルートを取ることが多かったのです。ボールまで一直線のAではなく、泳ぐ距離が最短のCでもなく、その中間のBのルート。これはたいていの場合、**目標物まで最速でたどりつけるルート**です。

　これを数学で解こうとすると**微分積分の計算が必要**なのですが、エルビスは直感で最速ルートを割り出していたよう。獲物を追うハンターだった犬の本能なのかもしれません。これに気づいた教授はエルビスのタイムや海に飛び込む地点を記録し、『Do Dogs Know Calculus?』（犬は微分積分を知っているか？）という論文を書き上げました。

58

人の指差しがわかるのは稀有な能力

犬は人の指差したほうを見たり探したりする。多くの愛犬家が知っているこの能力が、動物界では稀有なものだとわかったのは2002年のことです。学会に発表したのは当時、人類学を学ぶ大学院生だったブライアン・ヘア氏。それまで、**人類学では指差しジェスチャーが理解できるのは人間だけと考えられていました。**人に近い霊長類ならある程度理解できるかもという想定でチンパンジーでの指差し実験が行われていたのですが、愛犬家だったヘア氏は「この能力は犬のほうが上」と気づき、実験して学会に発表。チンパンジーよりも犬のほうが指差しを理解するという事実は、人類学会に衝撃を与えました（愛犬家たちは逆に、「そんなことが驚かれるとは」と驚いたそうですが……）。

人に近い霊長類よりも犬のほうが人

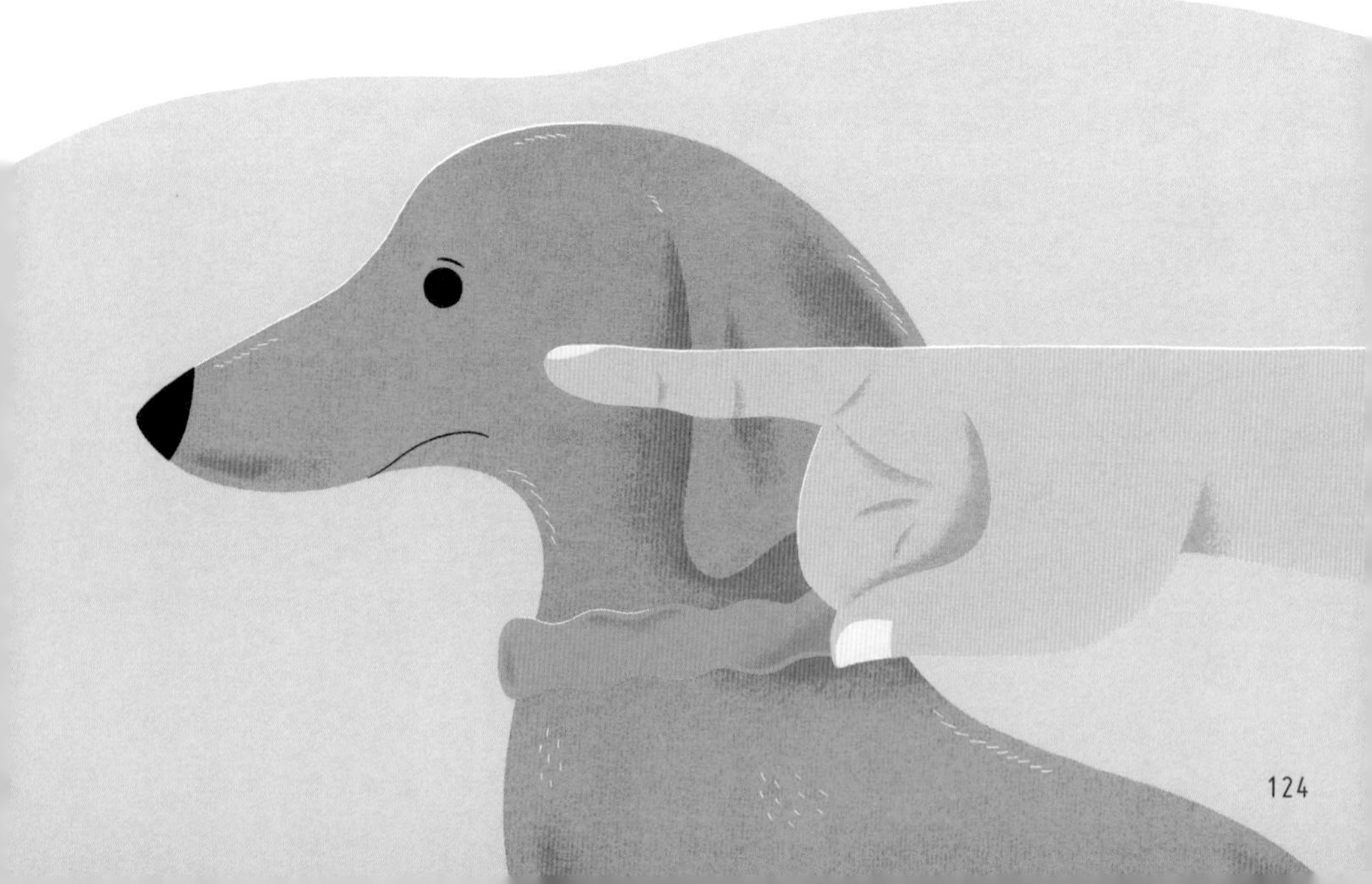

	犬	オオカミ
人を見つめる時間	21%	0%
箱を見つめる時間	10%	100%
箱を開けようとする時間	6%	98%
成功率	11%	80%

ソーセージが入った箱を開ける課題

幼いころから同じ環境で育てたオオカミ10匹と犬18匹にソーセージ入りの箱を与えたときの行動の差。オオカミは人を頼らず自力で開けるのに対し、犬はそばにいた人を見上げて頼ろうとします。

の意図（指差し）を理解できる。これは犬が人とともに長い歴史を歩んできたなかで獲得した能力のひとつであり、「犬は人類の最良の友」といわれるゆえんです。**牧羊犬も介助犬も、人の意図を汲み取る能力があるからこそ働けるのです。**

人の意図を汲み取ろうとするぶん、犬も自分の意図も汲み取ってほしいと思うのでしょう。開けにくい箱に入っている食べ物があるとき、オオカミは人に頼らず自分で何とか開けようとしますが、犬は人を見つめて「開けて？」と伝えてきます（上の表）。ちゃっかりしている気もしますが、これは人と意思疎通ができるようになった犬ならではの問題解決法なのです。

オオカミはギャンブラーで犬は安パイ主義

「とてもおいしいけれど手に入るのは50%の確率のおやつ」と「味は劣るけれど100%手に入るおやつ」のどちらを選ぶか、オオカミと犬にテストしました。結果は、オオカミの80%、犬の58%が前者を選びました。つまりオオカミのほうがギャンブラー気質が強いということ。オオカミの狩りの成功率は15～50%で毎日安定して食べられるわけではありません。そのぶん、どうせなら一発当てたいという気持ちが強いよう。いっぽう不安定な生活から脱し、食糧を人に頼ったのが犬。これは納得の結果です。

59

犬は人の性格、能力、感情を見分けている

犬は思った以上に人の本質を見抜いています。犬は人に頼って生きているぶん、相手が信用に足る人かどうか見分けることが生きるために重要なのかもしれません。

人の親切さを見分ける

犬の前で飼い主が容器のフタを開けられない演技をし、見知らぬ人に助けを求めます。そのとき、①求めに応じて飼い主を手伝う人、②手伝うのを拒否する人がおり、③の何もしない人もそばにいます。その後、①③の2人が同時に犬におやつを差し出したとき、犬がどちらの人からおやつをもらうかに有意差はありませんでした。いっぽう、②③の2人がおやつを差し出したときは、手伝うのを拒否した人よりも何もしない人のおやつを選ぶことが増えました。これは犬が不親切な人を見抜いて避けたのだと考えられます。

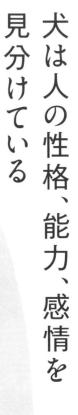

人の有能さを見分ける

2022年発表の京都大学の研究で、メス犬は有能な人間を長く観察して近づく傾向があることがわかりました。犬の前で1人が容器のフタをすぐに開け、もう1人がなかなか開けられないという演技をすると、メスは前者をじっと観察したのちにそばに行くことが確認されたのです。メスは群れのリーダーにはならない代わりに、有能な相手を見分けてついていこうとするのかもしれません。

☞P.136 性差による行動の差はある？

人の性別を見分ける

実験で、女性の画像が出ているのに男性の声が流れると、犬が画像を見つめる時間が長くなるという結果があります。これは違和感があるため凝視の時間が長くなったことを意味します。つまり犬は女性の画像と女性らしい声とを結びつけて認識しているということ。ほかの同様の実験では、男女どちらかいっぽうとしか暮らしていない犬より、男女2人以上と暮らしている犬のほうが男女の区別の正解率が高いという結果も出ています。

人のイジワルと単なるミスを見分ける

ガラスの仕切りの隙間から犬におやつを与えるという実験で、人が犬におやつを与える前にわざとおやつを落とすと、それまで振っていた犬のしっぽが止まったり、座ったり横になるなどのカーミング・シグナル（P.144）が多く見られました。わざとではなく誤って落としてしまった場合にはそのようなしぐさは見られなかったことから、イジワルと単なるミスを見分けていると考えられます。

人の笑顔、真顔、怒った顔を見分ける

犬が人の笑顔と真顔、怒った顔を顔写真だけで判別できることがわかっています。顔写真が上半分（目もと）だったり下半分（口もと）だったりしても判別できたそう。人に頼って生きている犬にとって、人の機嫌を見分けることも必要な能力なのでしょう。ほかに、においで人の感情を判別する（P.95）、人のポジティブな声とネガティブな声を判別する（P.102）というデータもあります。

イジワルな人には犬も親切にしない

昔話「花咲か爺さん」に出てくる犬・白は、優しいおじいさんには小判のありかを教えたけれど、イジワルなおじいさんにはゴミのありかしか教えませんでした。これはどうやら真実のようです。
こんな実験があります。おやつが入っている箱と何も入っていない箱を用意し、そこに人を案内すれば箱を開けてもらえることをまず犬に教えます。Aさんを案内すれば箱の中のおやつを犬にくれますが、Bさんはおやつをくれずに自分のものにしてしまいます。するとその後、犬はBさんを何も入っていない箱に案内するようになります。イジワルな人間には、犬だって何も渡したくないのです。

60

人が見ていないときに悪さをするのは、他者の視点で物事を見ることができる証拠！

犬が人が見ていないときを見計らって盗み食いをするのは「飼い主はいま見ていないから食べられる」と考えるため。**他者の視点から物事を見ることができるという証拠で、人間では4歳ごろに得る能力**です。ずる賢いともいえますが、それも賢さのひとつではあります。

こんな例もあります。実験で、2つの容器のうち人が指差したほうにおやつが入っていることをまず犬に覚えさせます。その後、別の人がAの容器に入っていたおやつをBの容器に入れ替えます。その様子を犬は見ていますが、指差し係の人はいっしょに見ている場合と、部屋から出て行っており見ていない場合とがあります。その後、指差し係がAの容器を指差すと、指差しに従いAの容器に向かった犬は前者では約30%、後者では約50%でした。

この結果をどう捉えればよいでしょう。まず、どちらの実験でも半数以上の犬がおやつが入れ替えられたBの容器に向かっているので、**指差しよりも自分の記憶に従った犬が多い**とわかります。賢明な判断です。しかし残りの犬は指差されたAに向かっています。これはおやつが入れ替えられたのを忘

れてしまったわけではなく、**犬は人に従順という性質をもつため、おやつがないとわかっていても指示に従った**のだと考えられます。

しかしそうだったとして、前者のほうが指示に従わない犬が多かったのはどういうわけでしょう。これに対して研究者は、「Bに入れ替えられたのをあなたも知っているくせにウソを教えるの？　それなら従わない」と考えた犬がいたのかもしれないと語っています。つまり**犬は指差し係がその場にいたかいないかで正直者かウソつきかを判断し、ウソつきの指示には従わなかった**ということ。別の実験でも、人が指差した容器におやつが入っていないことを3回ほど経験させると、犬はその人の指示には従わなくなるという結果があります。犬の洞察力は想像以上にすごいのかもしれません。

「誰が何を知りえるか」を状況から推測する

これも犬が他者の視点から物事を見ることができるかどうか調べた実験です。3人の人間が犬の前にいます。仕切りで上半身しか見えない状態です。Bの人が複数ある容器のひとつにおやつを隠しますが、犬からは仕切りに隠れて見えません。そのとき、AとCの人はどちらも右を向いています。

仕切りを取り払ったあと、AとCの人が同時に別々の容器を指差します。さて、犬はどの容器を選ぶでしょう？　犬の62％はAの人が指差した容器を選びました。なぜなら、Aの人にはBの人がおやつを隠すところが見えただろうから。Cの人には見えなかっただろうから、どの容器に入っているか知らないはず。そう犬は考えたのでしょう。犬ってけっこう、複雑なことをわかっているんですね。

61 ほかの犬や人の行動を模倣することができる

動物は親や仲間を見て、生きるのに必要なさまざまなことを学びます。**他者の行動を模倣して学習することは「社会的学習」**と呼ばれ、多くの動物が自然にやっていることです。ですから犬がほかの犬の行動を模倣できるのは当然のこと。ですが同種ではない人の行動を模倣できるのは、犬が人の意図を汲み取るのに長けている動物だからでしょう。

ハンガリー発の新しい犬のトレーニング・メソッド「Do as I do」は犬の模倣力を利用したものです。犬に教えたい動きをまず目の前で人がやって見せ、その後「Do as I do!」（私のやるようにやって！）と言うだけ。従来のトレーニング法より早く習得させられますし、「前足で顔を一度かいてから箱の中に入って隠れる」というような複雑な動きもマスターさせることができます。

もちろん、犬がそっくりそのまま真似しない（できない）部分もあります。人と犬では体の構造がちがうので当然です。人は一回転するとき足だけを使いますが、犬は4本足で回ります。人が手でものをつかんで運ぶときは、犬は口でものをくわえて運びます。「要はものを移動すればよい」という主旨

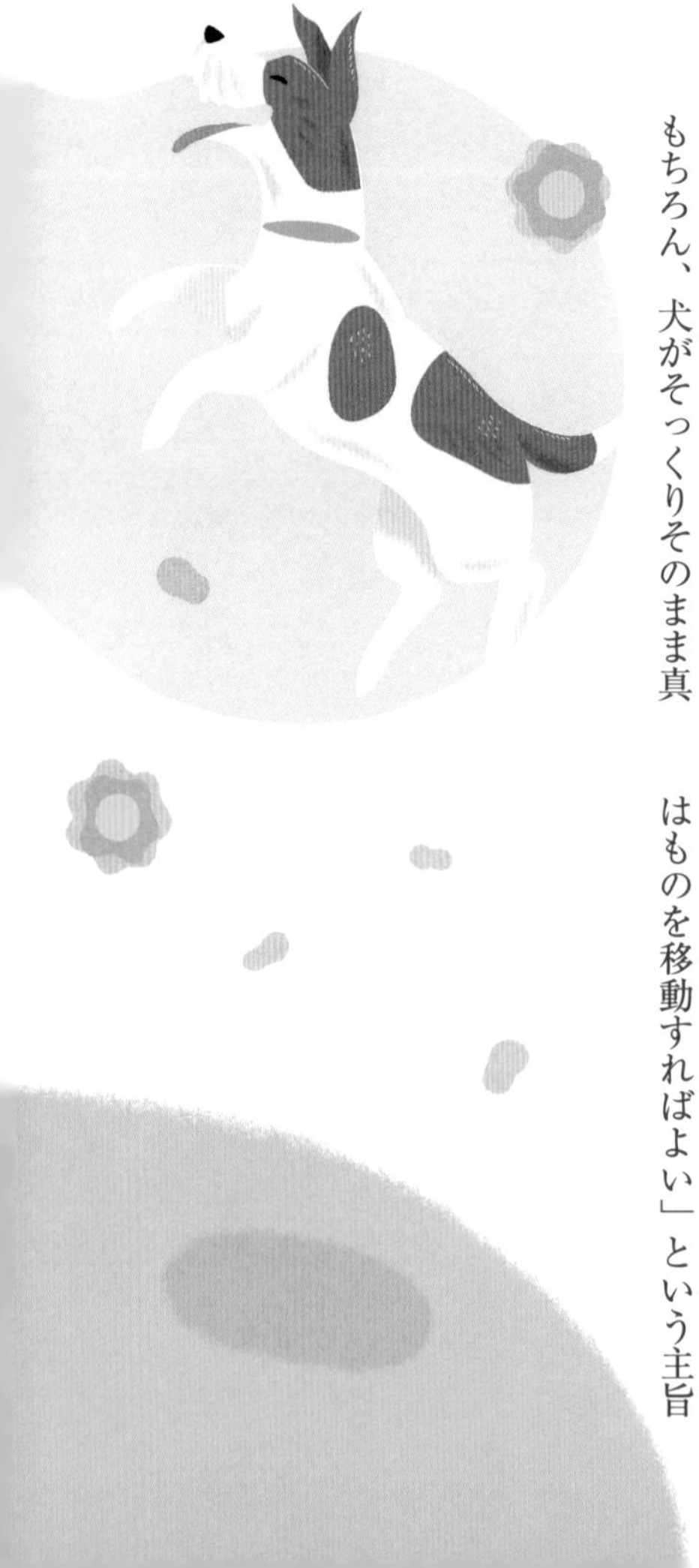

を理解したうえで、臨機応変に対応しているのです。

犬が犬を模倣するときも、こうした臨機応変な対応は見られます。ある犬が「装置のレバーを押し下げておやつを出す」という行動をほかの犬に見せます。するとほかの犬も「あのレバーを下げるとおやつが出るんだな」と学習し、同じことができるようになります。そのとき見本の犬が、口にボールをくわえながら前足でレバーを下げて見せたときには、ほかの犬はレバーを下げるのにマズルを使いました。犬にとってこうした動きをするのにはふつう、マズルのほうが使いやすいからです。「見本の犬はボールをくわえていてマズルを使えなかったから、レバーを下げるのに前足を使ったのだろう」と犬は推測し、自分がやるときにはマズルに変更したと考えられます。

しかし、見本の犬が口に何もくわえない状態で前足でレバーを下げて見せると、それを見た犬たちは同じように前足でレバーを下げました。**「マズルが使えるのにあえて前足を使うのには、何か理由があるはずだ」と犬たちは考えた**可能性があります。

62 犬は人間が悲しんでいたら それが飼い主でも見知らぬ人でも なぐさめようとする

犬がいる家庭のリビングで飼い主さんや見知らぬ人が泣いているフリをして犬の反応を見るという実験が行われました。すると**犬は泣いている人に近づいて顔をのぞき込んだり鼻をこすりつけたり、頬をなめるなどの行動を多く見せました**。

これは同情やなぐさめではなく、見慣れない刺激（人が泣く姿）を確認しに行っただけ、という見方もできます。しかし、だとすれば同実験で行われた「鼻歌を歌う人」や「笑い続ける人」にも同じように近寄っておかしくないはず。そうではなく、**泣いている人にだけ犬は積極的に近寄った**のです。なかにはおもちゃで遊んでいたのを中断して泣く人に近づく犬もいました。

こんな意見もあります。泣いている人に近づいたら犬にとって「よいこと」が起きたという経験が過去にあったのだ、だから近づくのだ、と。しかしどうでしょう、おやつがもらえるなどの「よいこと」は、飼い主がご機嫌なときに近づいたほうが起きる確率が高いはず。もし、スキンシップという報酬がもらえた経験があったのだとしても、それは人が泣いているときに限定されるものではないでしょう。

話はちょっとそれますが、他者への共感と「あくびの伝染」とは深い関連があることがわかっています。あくびは移るといわれますが、**見知らぬ人よりも親しい相手のあくびはよくうつることや、共感力の高い人ほどうつりやすい**ことが明らかになっています。

人から犬にあくびが移ることも証明されています。これは別種間であくびの伝染が確認できた初めての例で、**犬は見知らぬ人より飼い主のあくびがよく移る、つまり、飼い主により強く共感することがわかっています。**

犬は人のポジティブな感情とネガティブな感情を、顔の表情や声、においなどから感じ取ることができるようです（P.95、102、127）。そしてあくびの実験から考えると、感知するだけでなく感情がシンクロもしてしまうのでしょう（P.216）。人の悲しみや痛みを感じた犬が、相手に近づき寄り添い、優しく触れ合う。これが「なぐさめ」でなければいったい何でしょうか。

しかし、飼い主さんならともかく初めて出会った人でもなぐさめようとするなんて……。犬の愛、深すぎます。

犬を助ける犬は本当にいる？

人を助ける犬の話はもちろん泣けますが、仲間の犬を助ける犬の話にもじんときてしまいます。世界には全盲になった同居犬をリードするように歩く犬や、ケガした仲間のそばから離れなかった犬など、仲間想いの犬のエピソードがたくさんあります。でもこれって、美談を信じたい人間の欲求バイアスがかかっているかも……？　本当に犬には仲間を助けようとする気持ちがあるのでしょうか？
調べると、こういう実験がありました。2匹の犬が隣り合うケージに入り、片方の犬がロープを引っぱると、自分ではなくもう片方の犬におやつが与えられるという実験です。さて犬はどうするでしょうか。結果は、隣の犬が顔見知りだったり、自分が以前、逆の立場でおやつをもらった相手だと、ロープを引っぱっておやつを与えることが多くなりました。やっぱり犬も親しい犬や恩を感じた犬には報いようとするのですね。

63

不公平には不満をもつ

実験で、ある犬に「お手」をさせ、「お手」をしたらおやつを与えます。何度もこれをくり返し、途中でご褒美のおやつを与えなくなっても、その犬は20回までは「お手」をくり返しました。

つぎに、2匹の犬に同時に「お手」をさせます。そして片方の犬にはおやつを与え、もう片方の犬には与えないようにします。与えなかったほうの犬はじょじょに、うなるなどのストレス行動を見せ、12回目で「お手」をしなくなりました。これは**不公平な扱いに不満をもったあかし**です。

集団で暮らす動物はえこひいきや理由なき差別には不満を感じます。私たち人間もそうですが、群れで暮らしていた犬もやはり不公平には不満をもちます。この実験ではおやつがご褒美でしたが、**褒め言葉やスキンシップ、いっしょに遊ぶなどのご褒美の不公平も犬は敏感に感じ取る**と考えられます。

?

犬は「褒めて」しつける

失敗したときに罰を与える方法でも確かにしつけられますが、犬の心身に悪影響を及ぼし、飼い主さんとの愛着も形成されません。犬は褒めてしつけるのが正解です。

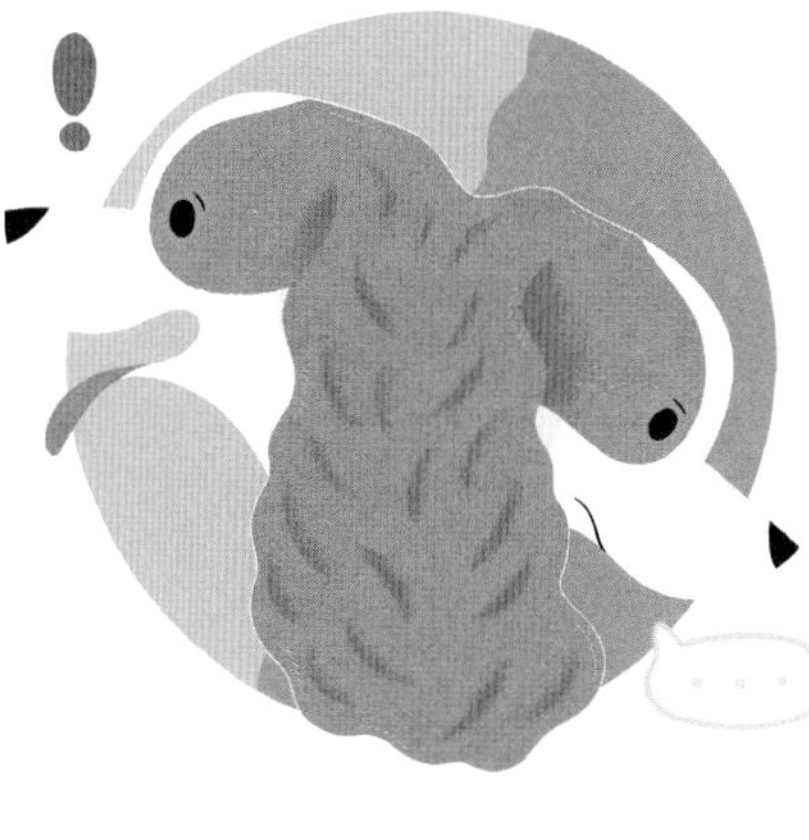

64

犬にも楽観的なタイプと悲観的なタイプがいる

犬が楽観的か悲観的かを見分けるテストがあります。犬から少し離れた場所にボウルを置くのですが、右に置いたときにはおやつが入っていて、左に置いたときにはおやつは入っていないことをまず覚えさせます。すると右に置いたときはすぐ食べに行くけれど、左に置いたときはおやつがないので動かなくなります。

　その後、やや右寄りや中央など、右でも左でもない場所にボウルを置いたときの犬の反応が答えです。楽観的な犬なら「この場所でもおやつが入っているかも！」と考えて笑顔で近づきます。悲観的な犬なら「あの場所じゃ入ってないだろう……」と考えて動かなかったり、動いてもノロノロしています。

　ちなみに「悲観的だから悪い」というわけではありません。悲観的なのは言い換えればリスク計算ができるということ。**やや悲観的なところのある犬のほうが、盲導犬には向いている**のです。危ない道を楽観視せず回避する性格のほうが、飼い主を守れます。いっぽう、**麻薬探知犬や爆発物探知犬には楽観的でグイグイ行くタイプの犬が合っている**そう。つまり適材適所であり、良い悪いではないんですね。

　なかには警察犬になることを有望視されていたのに、人懐こすぎて失格になる犬もいたそう。オーストラリアのガベルというジャーマン・シェパードは、訓練中、制圧しなければいけない犯人役にもしっぽを振っておなかを見せる性格で失格になりました。その後、公邸で来賓をもてなす係という、ぴったりの仕事に就任しました。

65
(COLUMN)

性差による行動の差はある？

P.127でメス犬は有能な人のそばに行きたがると述べました。また、新しいコマンドを覚えるのはオスよりメスのほうが早いことを示唆するデータや、人の幸せなにおいに対してメスはオスより同調しやすいという研究結果もあります。個体差があるのは大前提として、性差によってこのような行動の差が見られるのは興味深いことです。

こんな例もあります。見慣れない物体や人に出会ったとき、犬は飼い主さんの反応を見ています。よいものか悪いものか判断のつかない新奇なものに対して、他者の反応を手掛かりにする「社会的参照」という行動です。飼い主さんがそれに対して喜んだり歓迎したりすれば犬も警戒心を解きますし、飼い主さんがそれを怖がれば犬も「これは怖いものなんだ」と考えて怖がるようになります。この社会的参照を、メスはオスよりよく行うことがわかっています。メスは力が弱いぶん用心深く、入念に情報収集するのかもしれません。

- オス -

- 大胆で物怖じしにくい
- テリトリー意識が強い
- 活発で興奮しやすい
- 新奇な物体を怖がりにくい
- 人と遊んで交流するのが好き

- メス -

- 攻撃性が低い
- 見知らぬ人との交流に積極的
- 見知らぬ場所での恐怖心が高い
- トイレのしつけが失敗しにくい
- 新しいコマンドを覚えるのはオスより早い ☞P.154
- 人の幸せなにおいにオスより同調しやすい ☞P.95

※実験や調査のデータによる

4

おどろきの
生態と行動

66

オオカミとは異なる犬の生態

タイリクオオカミと犬は同種です（P.16）。そのため、犬はタイリクオオカミと同じ生態をもつと考えられてきました。厳格な上下関係がそのひとつ。オオカミの群れでは最も強いオスを頂点とする厳しい上下関係が見られたため、犬のしつけは「飼い主は犬のボスにならなければならない」「そのためには犬を力づくでも服従させなければならない」と考えられてきました。

しかしその後の研究で、この考えは訂正の必要があることがわかりました。まず、当時研究されたのは捕獲され囲いに詰め込まれたオオカミの群れで、自然下の群れではありませんでした。ボスによる恐怖支配が生まれたのは不自然な環境ゆえ。**本来のオオカミの群れは父親をリーダーとする家族が基本で、力だけでなく信頼で結ばれている**ことがわかりました。ですから飼い主は力づくで犬を服従させる必要はなく、信頼できるリーダーであればよいことがわかりました。

また、**オオカミに見られる行動は、犬の家畜化が進むにつれて消滅していっている**こともわかりました。左ページの表はオオカミの行動が各犬種にも見られるかどうか調べたもの。シベリアン・ハスキーのような原始的な犬にはオオカミの行動が多く

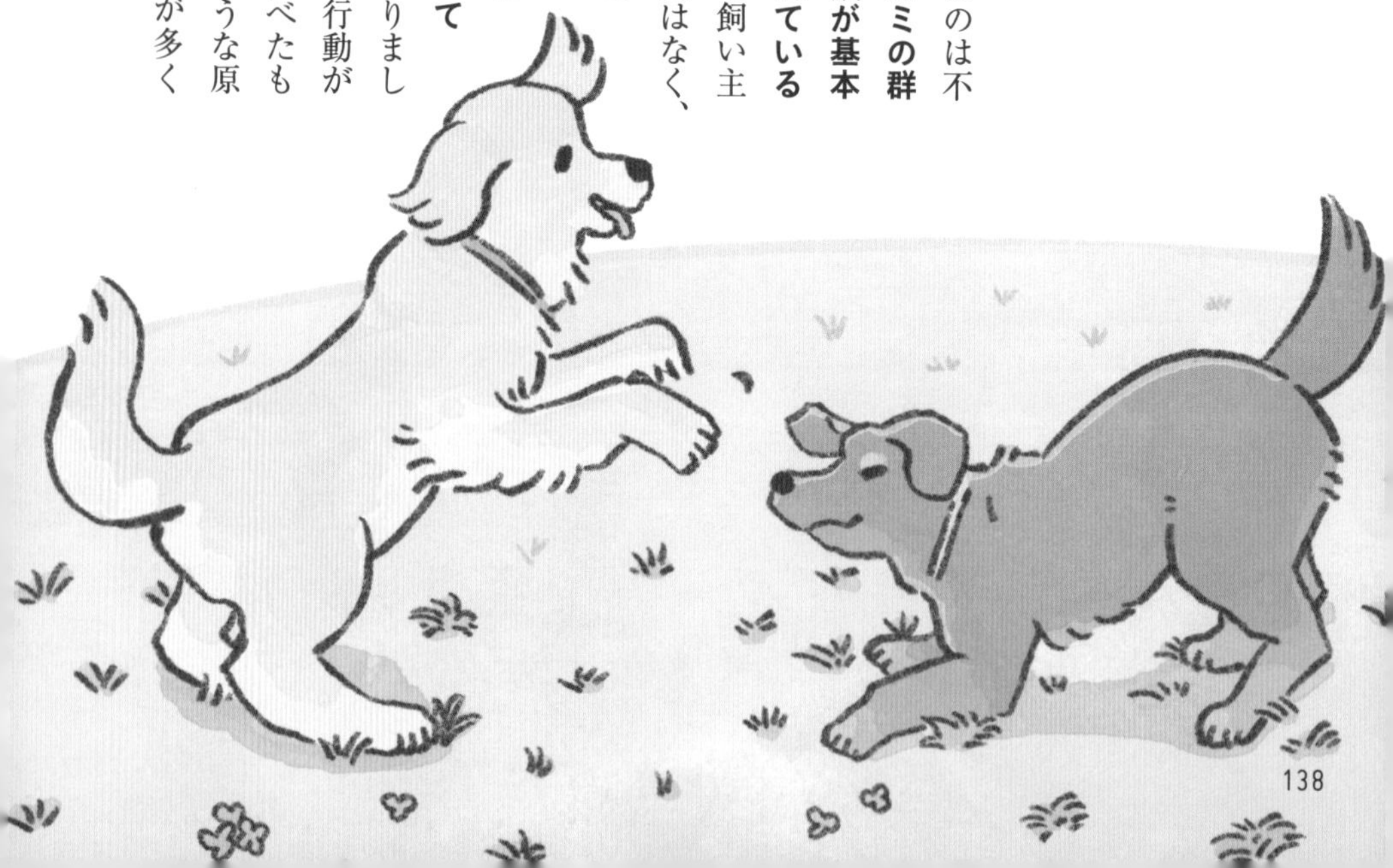

行動発現の有無		オオカミの行動発現日齢	シベリアン・ハスキー	ゴールデン・レトリーバー	ジャーマン・シェパード・ドッグ	ラブラドール・レトリーバー	コッカー・スパニエル	フレンチ・ブルドッグ	シェットランド・シープドッグ	ノーフォーク・テリア	キャバリア・キング・チャールズ・スパニエル
攻撃行動	うなる	＜20日	○	○	○	○	○	○	○	○	○
	追いやる	＜20日	○	○	○	○	○	○	○	○	○
	押さえつける	20～30日	○	○	○	○	○	×	×	×	×
	口で押さえる	20～30日	○	○	○	○	×	×	×	×	×
	威嚇立ち	＞30日	○	○	○	○	○	○	×	○	×
	立ち上がる	＞30日	○	○	○	×	○	×	×	×	×
	口角を上げて歯を見せる	＞30日	○	○	○	○	×	×	×	×	×
	歯をむく	＞30日	○	○	○	×	×	×	○	×	×
	にらむ	＞30日	○	×	×	×	×	×	×	×	×
服従行動	口をなめる	＜20日	○	○	○	○	×	×	○	×	×
	目を伏せる	20～30日	○	○	○	×	○	○	×	×	×
	かがむ	20～30日	○	×	○	○	×	×	×	×	×
	口角を下げる	20～30日	○	○	×	×	×	×	×	×	×
	仰向けになる	＞30日	○	○	×	○	×	×	×	×	×
	低姿勢で許しを乞う	＞30日	○	×	×	×	×	×	×	×	×

残っていますが、テリアやスパニエルなど品種改良が進んだ犬種ではほぼ消滅しています。これを見ても、**犬の生態＝オオカミの生態ではない**ことがわかると思います。

家畜化により本来の行動が消失

例えば「口角を下げる」という服従行動はオオカミでは生後20～30日で見られるようになりますが、犬でこの行動を見せたのはこの研究ではシベリアン・ハスキーとゴールデン・レトリーバーだけでした。

67 「笑顔」としか表現できない表情がある

目もとを緩め、口もとは口角を上げて開き、舌をだらんと垂らして「ハッハッ」とあえぐ……「楽しい！」という気持ちが伝わってくるこの表情は**「Dog Laugh」（ドッグ・ラフ）**と呼ばれるものです。散歩に行くことがわかったときなどに、犬はこの顔で飼い主さんを見ていますよね。

目を見開いて相手を凝視するのは威嚇の意味になりますが、それと逆で目もとを緩めるのは自分が安心していることや相手に敵意がないことを示します。口を緩く開くのもリラックスのサインです。

ドッグ・ラフは相手を遊びに誘ったり、気持ちを落ち着かせる効果があります。ドッグ・ラフをしている犬にはほかの犬が近づいて遊び始めるのです。人間がドッグ・ラフを真似て「ハッハッ」といっても犬は近づいてきます。遊びのおじぎといわれる「Play Bow」（プレイ・バウ／P.147）をする犬はドッグ・ラフも同時にしていることが多く、ポーズと音で相手を遊びに誘います。

実験で、**保護施設の犬たちに録音した犬の「ハッハッ」を聞かせると、ストレス行動が減る**ことも確認されています。明るい気持ちが伝わるのかもしれませんね。

短頭種は表情が伝わりにくい

犬は相手を威嚇するとき顔にシワを寄せますが、ブルドッグやパグなどの短頭種はもともと顔がシワだらけ。ほかの犬にとっては「コイツ、何を考えてるのかよくわからない」と思われている可能性があります。

68
(COLUMN)

威嚇と笑顔は紙一重

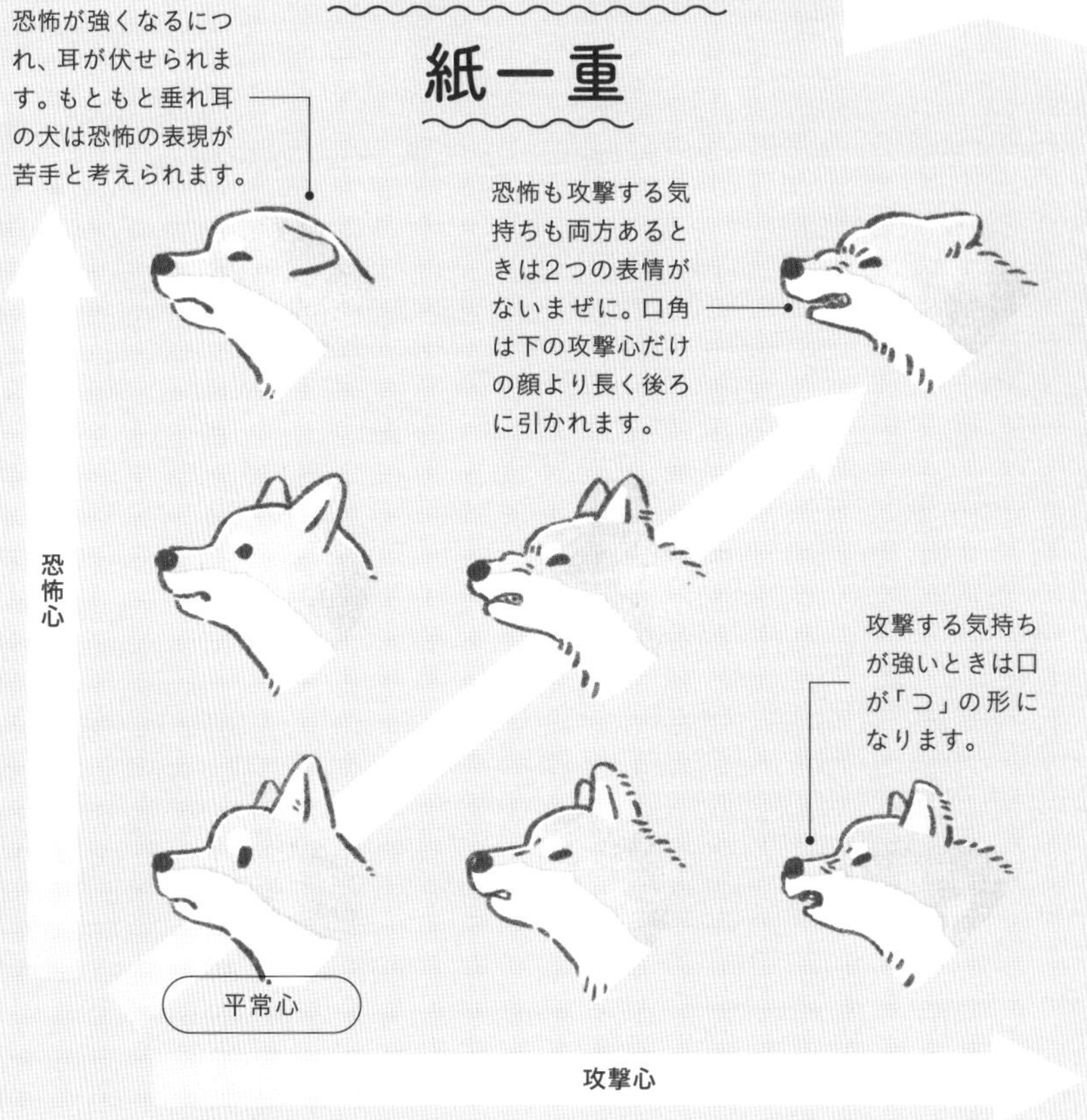
恐怖が強くなるにつれ、耳が伏せられます。もともと垂れ耳の犬は恐怖の表現が苦手と考えられます。
恐怖も攻撃する気持ちも両方あるときは2つの表情がないまぜに。口角は下の攻撃心だけの顔より長く後ろに引かれます。
恐怖心
攻撃する気持ちが強いときは口が「コ」の形になります。
平常心
攻撃心

犬の笑顔と、威嚇の表情は似通っています。かのダーウィンも、著書のなかでその相似性《そうじせい》を指摘しています。両者のちがいはとても細かい部分。笑顔では下の歯しか見えないのに対して威嚇では上の犬歯が見える、威嚇では目が見開かれて鼻の上などにシワが寄る、などのちがいです。

とくに子どもは犬が威嚇しているのに気づかず、近づいて咬傷《こうしょう》事故になることが多いよう。また、まれに「ハッハッ」という音なしで口角だけを上げてニッと笑う犬もいるようで、飼い主が「頻繁に威嚇する」と勘違いしていた例もあります。ぜひ両者を判別できるようにしておきましょう。

69 地味顔の犬は表情が豊か

顔に模様がない犬は、模様がある犬より人間と接するときの表情が豊かであるという研究結果があります。コンピューターで画像分析した結果、顔に模様のない犬は模様のある犬と比べて1.25倍ほど表情を大きく動かしていたのです。また、**顔に模様のない犬の飼い主は愛犬の表情を正確に読み取る率が高い**こともわかりました。

研究者はこの結果について、下記の仮説を立てています。人間の顔には模様がないので模様のないプレーンな顔のほうがうまく読み取れる。よって**模様のない犬は飼い主の反応を頻繁にもらうことができ、それがご褒美となり、より表情を大きく動かすようになった。**なるほどと思う反面、白っぽい顔の犬は表情が読み取りやすい気がするけれど、黒っぽい顔だと読み取りにくい気もするなあとも感じます。

これって逆のパターンもある気がします。黒っぽい単色の犬はふつう程度に顔を動かすだけでは人に伝わりにくい。よって気持ちを伝えるためにがんばってたくさん顔を動かすようになった。霊長類でも人間を含め顔に色が少ない種のほうが表情が豊かだそうなので、あながち外れてはいないと思うのですが、どうでしょうか。

70 「反省している顔」に見えても反省はしていない

愛犬のイタズラを発見して犬を見ると、眉頭を上げて困った顔をしていたり、バツが悪そうに目をそらしたりしますね。いかにも反省している態度に見えますが、これはじつは人間の思い込みであることが実験で証明されています。**実際にイタズラしたかどうかに関わらず、飼い主が怒っていると犬は**

眉頭を上げる表情が人の同情を誘う

悲しげな表情をするのは、犬ならではの「人用の表情」。犬が人と暮らすなかで発達させた表情です。オオカミには眉頭を上げる表情筋自体がありません。

反省しているような表情や行動を見せるのです。要は、犬は飼い主の緊迫感を感じてストレス行動を見せただけ。自分の行動と関連づけてなどいないし、当然反省もしていません。

さらにいえば、この実験で最も反省したような態度を見せたのは、イタズラしていないのに濡れ衣を着せられ叱られた犬。多頭飼いの家庭でイタズラの跡を見つけた飼い主が「犯人は誰!?」と犬たちに詰め寄り、犬の態度から「お前ね」と特定したとして、それは見当外れだということです。

つまりこれは、**犬を擬人化してはいけないという教訓**です。犬は人と暮らすなかでさまざまな能力を獲得してきましたが、それでも犬は人間ではありません。「私の犬はすべてを理解している」などと過信するのは禁物。正しく理解してつきあいたいものです。

71
(COLUMN)

気持ちを落ち着けるカーミング・シグナル

前ページの「反省したような態度」には、緊張状態にある自分や相手の気持ちを緩和するカーミング・シグナルが含まれています。人間も困ったときに頭をかいたりしますが、これと同じで無関係な行動をして気持ちを鎮めようとするのです。カーミング・シグナルは見知らぬ相手といっしょにいるときに多く見られますが、飼い主さん相手でも叱られそうな場面ではよく見られます。

カーミング・シグナルの例

- 視線をそらす
- まばたきする
- 背を向ける
- 伏せる
- 前足を片方上げる
- 地面のにおいを嗅ぐ
- オシッコをする
- 笑顔、笑い声（ドッグ・ラフ）☞P. 140

あくび

眠いときなどにするのが本来のあくびですが、緊張を緩和したいときにもあくびをします。叱られているときにあくびをするのは、緊張を緩めたいからです。

鼻や口をなめる

口のまわりに食べ物がついているわけでもないのにペロリ、ペロリ。親しい相手のあいだに緊張感が走っているときは、相手の口をなめることもあります。

頭を振る

人間も嫌な想像をしたときなどに頭を振って気持ちを切り替えようとしますが、犬も同じ。緊張を振り払おうとしているのでしょう。

72 嬉しいときはしっぽを右側で振る

犬が嬉しいときにしっぽを振るのはご存じの通りですが、嬉しいときに限らず感情が揺れたときはいつでもしっぽを振ります。両者のちがいを調べたところ、**ポジティブな気持ちのときは右側で、ネガティブな気持ちのときは左側でしっぽを振る**ことがわかりました。

体の右側は左脳、左側は右脳とつながっており、ネガティブな感情は右脳で、ポジティブな感情は左脳で優先的に処理されます。嬉しいときは左脳が活性化するため連動して右半身が活性化し、それにつられてしっぽが右側に傾くのではと推測されています。

左側で振るのはネガティブなとき

見知らぬ犬を見たときの犬は左側で激しくしっぽを振りました。犬に左側でしっぽを振る犬を見せると、心拍数が上昇しストレスを表しました。

右側で振るのはポジティブなとき

実験では、犬に飼い主さんを見せると右側で激しくしっぽを振りました。犬は相手の犬がどちら側でしっぽを振っているか見分けているようで、右側でしっぽを振る犬を見せるとリラックスしました。

しっぽでバランスをとらない

猫はしっぽでバランスをとりますが、犬はしっぽをバランサーとして使っていないよう。犬のしっぽはおもにコミュニケーション・ツールのようです。

73

犬のボディランゲージ、飼い主のほうが読みまちがえる?

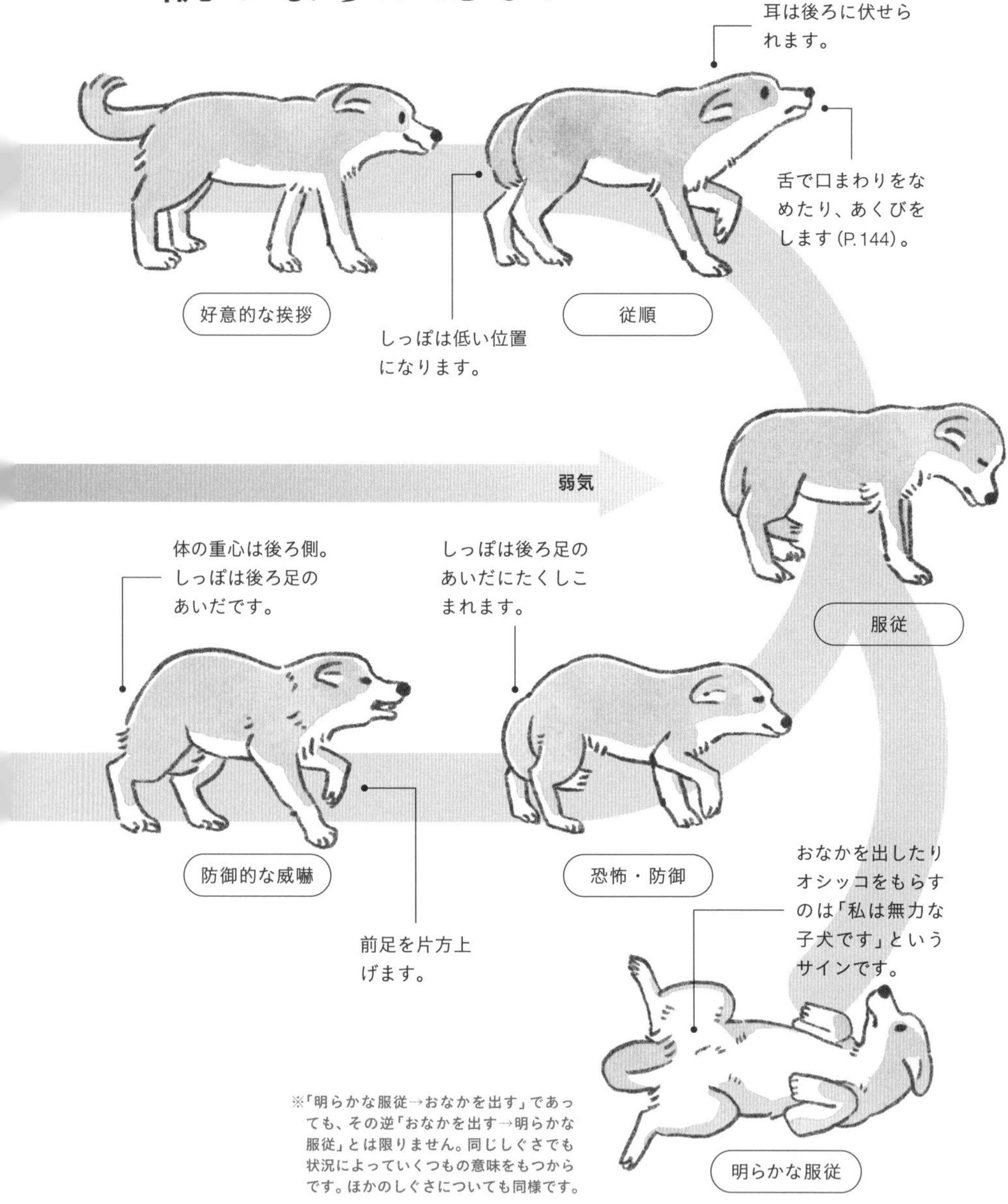

耳は後ろに伏せられます。
舌で口まわりをなめたり、あくびをします(P.144)。
好意的な挨拶
従順
しっぽは低い位置になります。
弱気
服従
体の重心は後ろ側。しっぽは後ろ足のあいだです。
しっぽは後ろ足のあいだにたくしこまれます。
防御的な威嚇
恐怖・防御
前足を片方上げます。
おなかを出したりオシッコをもらすのは「私は無力な子犬です」というサインです。
明らかな服従

※「明らかな服従→おなかを出す」であっても、その逆「おなかを出す→明らかな服従」とは限りません。同じしぐさでも状況によっていくつもの意味をもつからです。ほかのしぐさについても同様です。

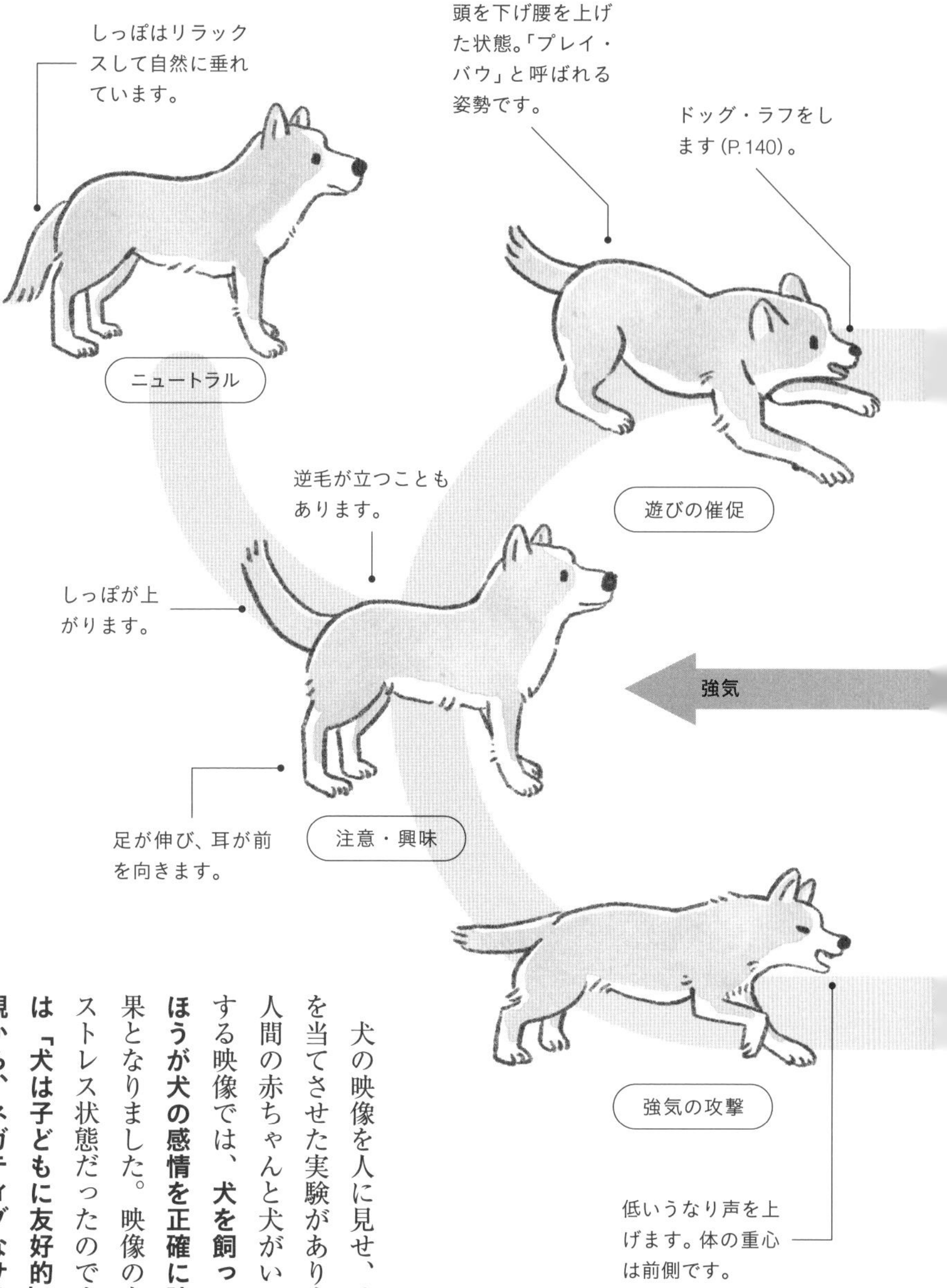
しっぽはリラックスして自然に垂れています。
ニュートラル
頭を下げ腰を上げた状態。「プレイ・バウ」と呼ばれる姿勢です。
ドッグ・ラフをします（P.140）。
遊びの催促
逆毛が立つこともあります。
しっぽが上がります。
強気
足が伸び、耳が前を向きます。
注意・興味
強気の攻撃
低いうなり声を上げます。体の重心は前側です。

犬の映像を人に見せ、その犬の感情を当てさせた実験があります。すると、人間の赤ちゃんと犬がいっしょに登場する映像では、**犬を飼っていない人のほうが犬の感情を正確に読み取れる**結果となりました。映像の犬はいずれもストレス状態だったのですが、**犬好きは「犬は子どもに友好的」という先入観から、ネガティブなサインを見逃してしまう**のではと推測されます。

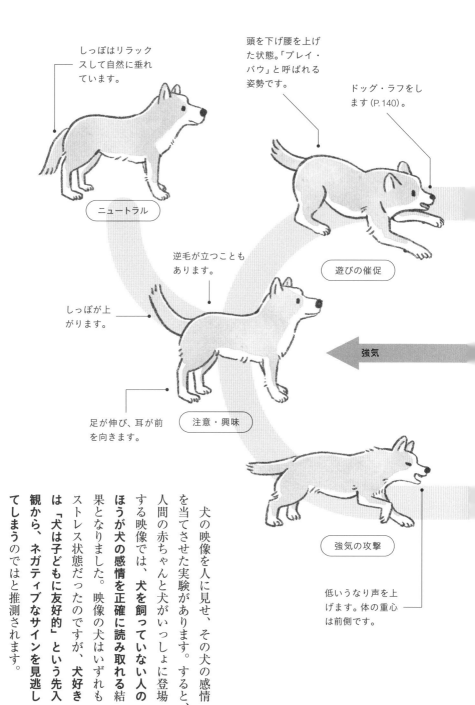

74

オオカミに近い犬種ほどよく遠吠えする反面、ワンと鳴かなくなる

おとなのオオカミがワンと鳴くことはめったにありません。オオカミがワンと鳴くのは子どものとき。そのため、**犬がワンと鳴くのは幼いころの特徴をおとなになっても残しているネオテニーの一種**とされます（P.70）。

おとなのオオカミは遠吠えで仲間とコミュニケーションします。おもしろいことに、**オオカミに近い原始的な犬種はよく遠吠えする代わりにワンと鳴くことが少なく、オオカミから遠い犬種は遠吠えすることが少ない代わりにワンとよく鳴く**ことが研究でわかっています。家畜化が進むほどオオカミの気質が薄れ、ネオテニー率が増えるのです。犬にオオカミの遠吠えを聞かせると、原始的な犬種ほど遠吠えで鳴き返し、家畜化が進んだ犬種ほどワンワンという声で返します。

75 「吠えやすい」遺伝子がある?

バセンジー（P.48）は遠吠えはするけれどもワンと鳴くことは少ない原始的な犬種です。いっぽう、コッカー・スパニエル（P.57）はワンワンとよく鳴く犬種で、10分間で907回鳴いた記録もあります。

ではこの2種を交配させてみたらどうなるだろう?と考えた研究者がいます。ワンとよく吠える優性遺伝子があると仮定すれば、両者の子ども第1世代はよく吠える個体が多いだろうし、その第1世代をスパニエルと交配させたらさらによく吠える個体が増えるはずだ。いっぽう、第1世代をバセンジーと交配させたら吠える個体が減るはずだ。こうした仮定をもとに交配実験をしたところ実際にそのようになり、**ワンと吠えやすい優性遺伝子がある可能性が高まりました。**

76 低い声は他者を遠ざけ、高い声は他者を求める

同じ「おはよう」でも、高く澄んだ声の「おはよう！」は機嫌よさそうだなと思うし、低く濁った「おはよう」は、機嫌悪そうだな近づきたくないなと感じるもの。犬を含め多くの動物も同じで、**高い声は相手に近づきたいとき、低い声は相手を遠ざけたいとき**に使います。歯をむき出してうなるガルルル……という声は「近づくな！　あっちへ行け」、鼻にかかったクーンクーンは「寂しいよう。そばに来て」という意味です。わかりやすいですね。遠吠えは遠くにいる相手と交信するための声なので、他者を求める部類に入ります。

その中間にあたるのが「ワン」という声です。これは使用範囲が広く、声に高低差をつけることでどちらの意味でも使えます。**高い「ワン！」は好意的**。ドッグ・ラフのあいだに挟まれる「ワン」はこれですね。そして**低い「ワンッ」は威嚇的**。ガルルル……ほどはっきりした敵意はないものの、ちょっと警告しておこうかという感じです。

犬の「ワン」は、人間でいう「Hey」にあたるといった専門家がいました。「Hey」は好意的な「やあ！」という意味でも使われますし、不快感を伴う「ちょっと」「おい」という意味でも使われます。なるほど、ぴったりです。

77 赤ちゃん犬の悲鳴は母犬を強く惹きつける

生まれたばかりの犬の赤ちゃんは、母犬から引き離されると盛んに鳴き始めます。生まれたての赤ちゃんはまるでネズミのようで、鳴き声もとても高く「ピイイ」とか「ミイイ」のように聞こえます。**この赤ちゃん犬の声は母犬の養育本能を強烈に刺激**します。目も開いておらず歩くこともできない赤ちゃんはつねに母犬のそばにいないと死んでしまうので、この声が離れた場所から聞こえると母犬はすぐに立ち上がり子犬を連れ戻します。**録音した赤ちゃん犬の声をレコーダーから流すと、母犬はレコーダーをくわえて巣に置いた**といいますから、刺激の強さは推して知るべしです。

ただこの反応は分娩後12日を過ぎると弱まるよう。赤ちゃんが最もひ弱な時期に母犬が強く反応するようにできているのでしょう。

ほかの動物の赤ちゃんも育てる

飼育放棄されたほかの動物の赤ちゃんを犬が育てた例は数多くあります。猫やチーター、キツネ、ワラビー、猪などなど。とくに出産したばかりの犬はホルモンの影響でほかの動物の子どもを容易に受け入れるよう。赤ちゃんはどの種でも高い鳴き声を出すので、それに刺激されて世話し始めるのでしょうか。

犬に子犬や子猫、人間の赤ちゃんの泣き声を聴かせた実験では、「子犬 ＞ 人間の赤ちゃん ＞ 子猫」の順に強く反応したそう。人間の赤ちゃんを子守り（？）する犬の話もちらほら聞きますが、人間の赤ちゃんにも養育欲を刺激されることがあるのかもしれません。

犬と会話できる日も遠くない？

78

犬が人の言葉で気持ちを伝えてくる。そんな夢のような話が実際にあります。**犬がボタンを押すと「散歩」「ごはん」などの単語が流れるツール**があるのです。ボタンの音声はあらかじめ飼い主が録音し、録音の単語とそれが指すもの（ごはんなど）を覚えさせてトレーニングします。ボタンはいくらでも増やすことができ、単語も好きなものを選べます。

　すでに使いこなしている犬もいて、驚くのは**単語を組み合わせて意思を伝える犬がいる**ことです。例えば「Mom」「Walk」（ママ、散歩に行きたい）、「Want」「Jake」「Come」（ジェイクに帰ってきてほしい）といった具合。毎日同じ時間に犬に目薬を差さなければいけないことを忘れている飼い主に「Eye」「Help」と伝えたり、「Paw」「Stranger」（肉球がヘン）というので見てみたら肉球に棘《とげ》が刺さっていたりということもあったのだそう。夢にまで見た「犬と話せる未来」が、いま、そこまで来ています。

サウンドボードで犬と会話する

押すと単語が流れるボタンはカスタマイズ可能で、いくらでも増やすことができます。人がボタンを押して犬に気持ちを伝えることもできます。

※YouTubeで「Dog Sound Board」と検索すると動画が見られます。

左足を上げる
犬が30％
保護施設にいる659匹を調べた調査では、右足を優先的に上げる犬が約20％、左足優先が約30％、左右どちらも同程度が約50％でした。

79

小さい犬ほど足を高く上げてオシッコする

２０１８年発表の研究で、**体の小さなオス犬ほど足を高く上げて排尿**することがわかりました。

オシッコのにおいは自分の名刺代わりで、ほかの犬に自分を主張する大事なツールです。なわばり意識の強い個体は足を上げて排尿しますが、それは高い場所に残したほうがにおいが広がりやすいのと、オシッコがかかった位置から自分の大きさをアピールできるから。小型犬ほど足を高く上げてオシッコするのは、**自分を実際より強く大きい相手と思わせたい**心理があるためではないかと考えられます。もしくは、自分より大きな犬のオシッコに「上塗り」するためには、無理してでも高いところにかける必要があるのかもしれません。

におい嗅ぎは犬のSNS

犬のオシッコには性別や年齢、発情の有無などの情報が含まれています。電柱や公園の樹木など犬が執拗ににおいを嗅ぐところはその地域の犬たちがオシッコをする場所であり、残っているにおいから情報を読み取っているのです。「ムム、自分より強そうなオスがいるな」「もうすぐ発情期が来るかわいこちゃんがいるぞ⁉」などの情報収集のためににおい嗅ぎが長くなるのですね。いわば、犬のSNSチェックです。存分に嗅がせてあげましょう。

80 犬も睡眠で学習を定着させるらしい

一夜漬けで覚えたことは身につきにくいことが脳科学で実証されています。記憶を定着させるには睡眠が必要で、睡眠をとらずに勉強しつづけてもすぐに忘れてしまうのです。

犬も同じで、**学習したあとは眠らせたほうがよく覚える**ことがわかりました。複数の犬に新しいコマンドを教えたあと、昼寝をとらせるグループと別のコマンドを教えるグループに分けると、前者のほうがコマンドをよく覚えていたのです。

人間は睡眠中に睡眠紡錘《ぼうすい》波《は》と呼ばれる脳波が多く出るほど学習成績がよくなることがわかっており、学習後に昼寝した犬にも同じ脳波が見られました。メスはオスより紡錘波の出現率が高く成績もよかったことから、**コマンドの学習はメスのほうが早い**ことも示唆されています。

81 嫌なことがあったあとは眠りが浅くなる

嫌なことがあって頭から離れないとなかなか寝つけなかったり、寝ても疲れが取れにくかったりしますよね。犬も同じかもしれません。実験で犬に嫌な体験（リードでつないで放置、脅迫的な態度で見知らぬ人が犬をじっと見つめるなど）をさせると、そのあとの犬は**ノンレム睡眠（深い睡眠）が減っていた**のです。犬もストレスがあると眠りが浅くなるようです。

82 産んだ子どもが5匹以下だと母犬がよく世話をする

出産した子の数が多いと、母犬も手が回らなくなるようです。スウェーデンの研究で母犬22匹を出産から3週間にわたって観察したところ、**子犬が6匹以上になると「子犬をなめる」「授乳する」といった養育行動が減る**ことがわかりました。

子犬の成長に授乳が必要なのは言うまでもありませんが、母犬に体をなめてもらうなどの接触も必須。体を清潔に保つほか、子犬の情緒を安定させる働きがあるのです。**きょうだいが5匹以下で母犬から受けた養育行動が多かった犬たちは、恐怖心や攻撃心が少なく情緒が安定した気質**に育ちました。6匹以上で少ないケアしか受けられなかった犬たちはその逆。幼少期の影響はやはり大きいようです。

妊娠中の母犬の状態も子に影響

マウスの実験では、妊娠中の母親に慢性的ストレスを与えると子どもが異常行動を起こすことがわかっています。ストレスによって生じるホルモンが胎児に影響するのかもしれません。

一度に24匹産んだ犬

出産数の世界記録をもつのは一度に24匹出産したナポリタン・マスティフのティア。事前の診察では獣医師に「多くて10匹だろう」といわれていたので飼い主さんはびっくり。帝王切開をしてようやく全員を出産しましたが、ティアひとりではとても世話しきれず、飼い主さん夫婦はしばらく育児の手伝いにかかりきりになったそうです。

立って授乳する母犬の子どもは盲導犬に合格しやすい

83

盲導犬の育成には多大な労力と資金とが費やされます。そのため、盲導犬になれる見込みが高い犬とそうでない犬を見分けるための研究が行われています。

２０１７年に発表された驚きの内容がこれ。盲導犬訓練施設にいる母犬23匹とその子どもを調べた結果、**寝そべりながら授乳する母犬よりも、立った姿勢やお座りの姿勢で授乳する母犬の子のほうが盲導犬合格率が高かった**のです。これはどういうことでしょう。

母犬が寝そべった姿勢では地面のすぐそばに乳首があります。そのため子犬はたやすく吸いつくことができます。いっぽう母犬が立ち上がったりお座りしている姿勢では、子犬は背を伸ばしたり母犬のおなかの下に潜り込んだりして吸いつかねばなりません。そうした**「適度な努力を要する」姿勢の授乳スタイルが、厳しい訓練をパスする忍耐強さなどを生む**のではないかといいます。

子犬の成長期には、ストレスがありすぎるのはもちろんいけません。けれど乗り越えられる程度の課題を与えることは、メンタルの強い犬を作るのに必要なのかもしれません。

☞P.117
盲導犬に向いているのは右利きでつむじが左まわりの犬

犬の成長

2か月				1か月				0か月			
11週	10週	9週	8週	7週	6週	5週	4週	3週	2週	1週	0週
社会化期											

84

犬にも「反抗期」がある

犬の3〜13週齢は社会化期と呼ばれ、メンタルの柔軟性が高い時期。この時期に慣れ親しんだものは生涯にわたって許容するので、人慣れさせるにはこの時期に触れ合うことが重要ということは、よく知られています。

さらに、犬にも人間の反抗期（思春期）にあたる時期があるかもしれないことが2020年に発表されました。**盲導犬候補生285匹を調べたところ、8か月齢ごろに人への従順性が低下する時期が見られた**のです。12か月齢では従順性が戻ったので、大型犬の反抗期は12か月齢以前には終わっていることも示唆されました。

人の反抗期には性的に成熟する第二次性徴期が関わっています。犬も犬種によりますが5〜12か月齢で性成熟を迎えるので、このころにメンタルの変化があっても不思議はありません。

85

母犬から早く離すと情緒不安定になる

P.155の話とつながりますが、母犬から受けたケアが少ないと情緒不安定になりがち。**生後40日で母親から離された子犬は、生後60日で離された子犬と比べて過剰に脅えたり、吠え続けるなどの問題行動が多くなる**ことがわかっています。すると飼育放棄などにつながるため、日本では犬猫の販売は生後56日まで原則禁止。知人などから子犬を譲り受けるときも、社会化期が終わってからのほうが安心です。

6か月		5か月				4か月				3か月			
25週	24週	23週	22週	21週	20週	19週	18週	17週	16週	15週	14週	13週	12週
反抗期													

※反抗期（思春期）は犬種によって時期が異なることが予想されます。

86

最新の研究によれば大型犬の1歳は人の31歳!?

犬の1年は人の4年にあたる、いやいや7年だ、といろいろ言われてきましたが、**最新の遺伝子研究によるとラブラドール・レトリーバーの1歳は人間の31歳にあたる**のだそう。2020年に発表された研究です。

それはこんな理論です。DNAは4種類の塩基でできていますが（P.68）、その塩基にメチル基という有機化合物がくっつくと（これをメチル化といいます）、その遺伝子の活性が抑制され、スイッチがオフされた状態になります。生物は加齢に伴いメチル化が増えることがわかっており、逆にその**メチル化の程度を調べれば細胞の年齢（生物学的年齢）がわかる**というわけ。この生物学的年齢は環境やストレスによっても左右され、同じ個体でも伸び縮みします。

この研究では104匹のラブラドールの遺伝子を調べた結果、**1歳では人の約31歳、2歳は約42歳、3歳は約49歳にあたる**ことがわかりました。大型犬は初めの数年で爆発的な成長を遂げます。激しく細胞分裂するぶん、老化も早く進んでしまうのでしょう。

☞P.85 体の大きさと寿命の長さはトレード・オフ

ラブラドール・レトリーバーと人の年齢換算表

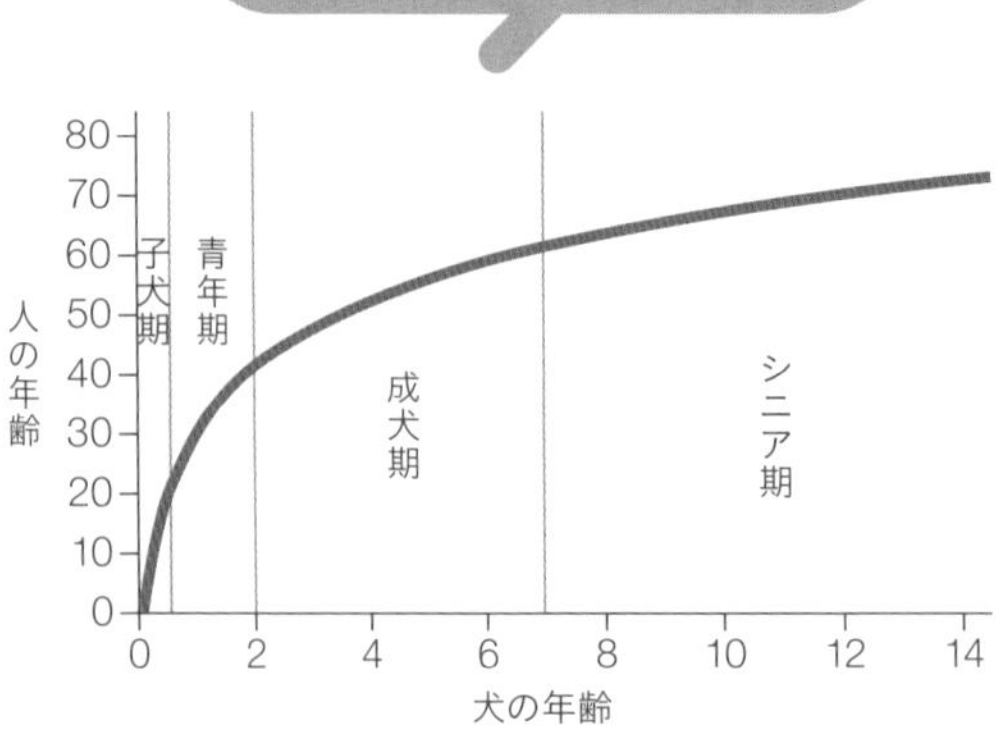

87 犬の認知機能は10歳ごろまでほとんど衰えない

年齢による犬の能力の変化

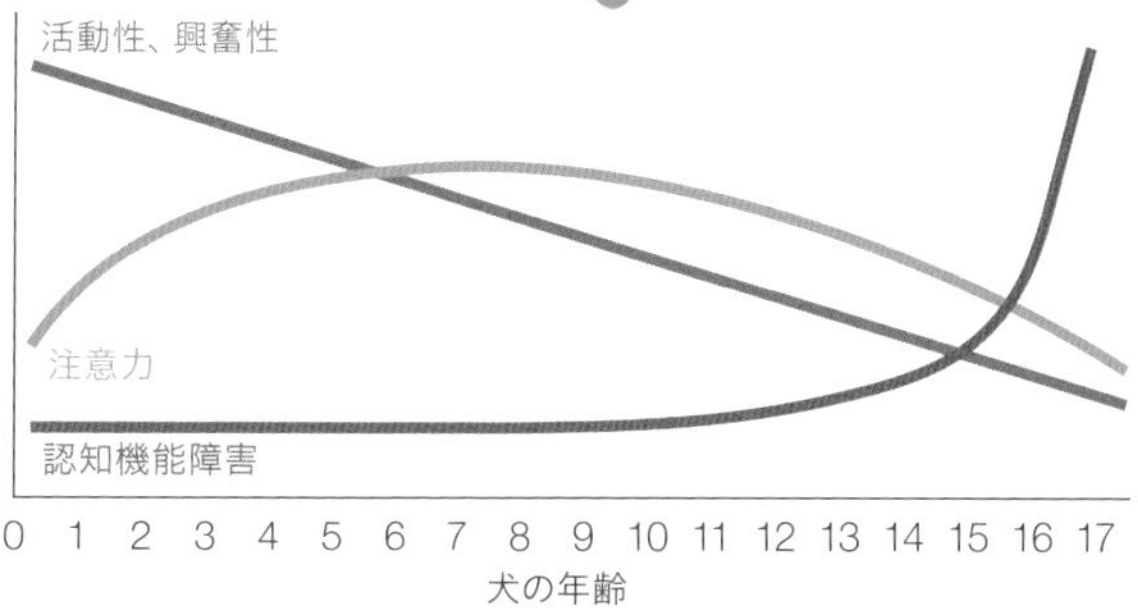
活動性、興奮性
注意力
認知機能障害
0 1 2 3 4 5 6 7 8 9 10 11 12 13 14 15 16 17
犬の年齢

身体と脳の老化は連動しておらず、じつは脳の機能は高齢になるまで衰えません。高齢の賢人がいることからも、身体の老化と脳の老化は異なることがわかりますよね。上のグラフの赤線は犬の認知機能障害の発症率を示していますが、**10歳ごろまではほぼ変わらず、16歳以降に急増**することがわかります。これは**大型犬でも小型犬でもどの犬種もほぼ変わらない**と、2020年、アメリカの研究チームが発表しました。**大型犬は短命なので、認知機能が衰える前に生涯を終える個体が多い**ということになります。

高齢犬は論理的思考にすぐれる

5か月齢～13歳のボーダー・コリーに「画面上の2つの絵から特定の絵を選ぶ」という訓練をしたところ、やはり高齢犬は若い犬より習得に時間がかかりました。つぎに、正解の絵と不正解の絵を覚えさせたうえで正解を選ばせるテストをしますが、画面に出したのは不正解の絵と見たことのない絵。つまりイジワル問題です。このとき年齢の高い犬ほど初めて見た絵を選ぶことができました。「片方は不正解に決まっているのだから、選ぶとしたらもう片方だ」という論理的推理力を発揮したのです。

88
(COLUMN)

働く犬にとっても社会化期は重要

牧羊犬や牧畜犬を育てるには、生後8週齢ごろから子羊といっしょに世話する必要があるそうです。羊は仲間であると覚えさせるためです。牧羊犬は教えなくても羊を集めようとする行動があると書きましたが(P.84)、社会化期に羊と触れ合わずに育った犬には牧羊犬の仕事はできません。植物でいえば才能はタネであり、正しくタネまきして水やりしなければ開花しません。社会化期に羊と触れ合わせることは正しいタネまきにあたるといえるでしょう。

成犬が働くところを社会化期に見学させるのもよい影響を与えるようです。6～12週齢のジャーマン・シェパードの子に、母犬が麻薬探知犬として働く姿（麻薬を探して持ってくるところ）を見せると、6か月齢でのトレーニング成果がよいという研究結果があります。野生では子どもは親の行動からさまざまなことを学ぶのでこうした例も不思議はありません。

警察犬は銃声や爆発音などを聞く機会が多いため、物音に敏感すぎては困ります。実験で生後16～32日の子犬（警察犬候補生）に1日3回20分ずつラジオ（約80dB）を聞かせると、聞かせなかった子犬と比べて大きな音に驚きにくくなったという研究結果があります。社会化期に適度な刺激を与えることは、ストレスへの耐性を生むのでしょう。ラジオの活用は家庭犬にも応用できそうですね。

牧羊犬は家畜を目でにらんだり追いかけるなどの行動はしても、噛みついて殺すといったことはしません。選択育種により、捕食行動を見せない犬が作られたのです。

5

歴史や文化と犬との関係

89

初期の人類とともに犬は世界中に広まった

左ページの地図は我々ホモ・サピエンスがアフリカで誕生したあと、どのように世界に広がっていったかを表しています。約10万年前、アフリカを出てユーラシア大陸に入った人類は、西側（ヨーロッパ）と東側（アジア）に分かれました。氷河期のベーリング海峡は氷で覆われていたので、人類はユーラシア大陸から北アメリカ大陸に渡ることもできました。

犬は5万〜1万5000年前に家畜化されたと考えられています（P.28）。家畜化はユーラシア大陸のどこかで起こったことは確かですが、詳しい場所はまだわかっていません。P.24の通り東アジアで起こったとすれば、**人類が東アジアに到達した5万年ごろ前に犬と人が生活をともにするようになり、そこからいっしょに世界に広まっていった**というシナリオが浮かびます。北東へ向かい、凍てついたベーリング海峡を犬と支え合いながら渡る者もいれば、東アジアから西へ、祖先が来た道を犬連れで戻り、ヨーロッパへ向かった者もいたでしょう。そう考えると、世界で見つかる犬の古い考古学資料（遺骨／P.21）とも合致します。

アメリカ先住民が犬2匹にそりを引かせ、凍った川を渡っています。犬は狩りのパートナーだけでなく荷物運搬役やそりを引く役も務め、人類は移動を加速させました。

人類の移動

北アメリカ大陸北西部では2万年前の犬の遺骨が見つかっています（P.21）。人類は犬を連れてベーリング海峡を越えたのでしょう。

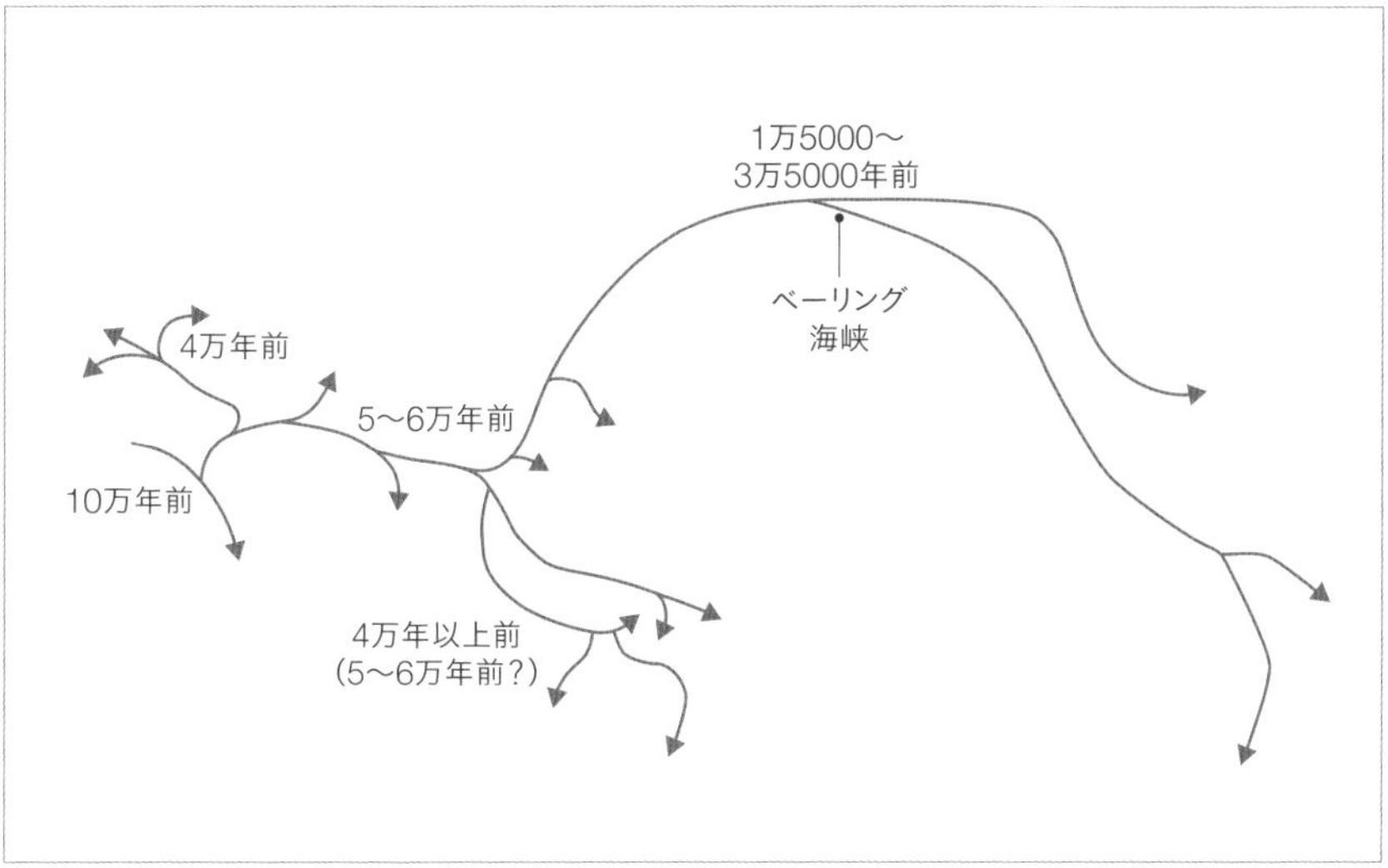

オーストラリアのディンゴも犬

オーストラリアに生息する野生種ディンゴは、遺伝的にはイエイヌと同じ。イエイヌがオーストラリアで再野生化したのがディンゴです。オーストラリアで見つかる化石などから、ディンゴの祖先はおそらく、5000年ほど前にオーストラリアに来たと考えられています。

しかし、人類がオーストラリアに来たのは上の地図通り4万年以上前。このときは犬を伴っていなかったことになります。危険な航海の旅に同乗させるほどの犬と人との強固な関係は、その時点ではできていなかったのかもしれません。

90 古代エジプトでは犬は神でもあった

冥界の神アヌビスは犬の頭をもつ

ミイラ作りをするアヌビスの壁画。紀元前13世紀にいたラムセス2世の時代のもの。アヌビスの頭部の黒色は再生の象徴で、ナイル川の肥沃な土壌を表す色です。

古代エジプトの神といえば猫が有名ですし、実際に猫は最も崇拝された動物でしたが、犬もまた神格化されていました。そもそも古代エジプトを含む原始宗教ではすべての動植物に霊魂があるという「Animism《アニミズム》」の概念があり、昆虫でさえ崇拝の対象だったのです。

犬は死者を冥界まで導くアヌビス神と同一視されました。これは野犬が墓地にたむろう姿が墓地を守っているように見えたからといわれます。アヌビスは死者の魂を天秤で量って裁いたり、遺体に包帯を巻いて防腐処理（ミイラ

犬のミイラ

アヌビス神の神殿の地下では800万体の犬のミイラが見つかっています。

死者の守護神アヌビス。紀元前330年ごろの像。

化）をする神でした。

ただ、神と崇拝されるいっぽうで**殺されて供え物のミイラにされる犬猫もたくさんいました。**ミイラを神殿に奉納すれば神の恵みを得られると考えられていたためです。ミイラ用に繁殖され、生後すぐにミイラにされた子犬も大勢いました。ミイラは死後の復活を願うものなので、当時の人々に罪の意識はなかったのかもしれませんが、崇めたり殺したり、人間とは勝手なものです。

農耕が始まると犬の価値は下落

約1万年前、氷河期が終わって温暖になり農耕牧畜が始まると、狩猟の友であった犬の価値は下がり、代わりに猫の価値が上がりました。猫は農作物を荒らすネズミを狩ったからです。古代エジプトで猫のほうが大切にされたのは、こうした背景があったからかもしれません。

野生動物の狩猟は上流階級のスポーツへと変化しました。上は紀元前1186～1070年ごろの陶板。ライオンを狩るファラオの横に狩猟犬が見えます。

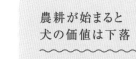

91

古代から多様な体格や毛色の犬がいた

古代文明の遺跡から、当時すでにさまざまなタイプの犬がいたことがわかっています。がっしりとして大きいマスティフのような犬や、細身で足が長いグレーハウンドのような犬、そして小型犬。左ページの絵を見てもわかるように毛柄もさまざまです。文明が興ったことで犬の用途もさまざまに広がって、**古代からすでに犬の選択育種が行われていた**のだと考えられます。遺伝子などの知識はなくとも、細身の犬どうしから生まれた犬はやはり細身であるといった経験から、ほしい体格の犬を誕生させていたのでしょう。

古代ローマの博物学者プライニーは犬を6つに分類しています。番犬、牧羊犬、猟犬、軍用犬、視覚ハウンド、嗅覚ハウンド。**現在の犬の分類に通じるものがすでに古代からあった**ことに驚きます。

また農業の本ではこんな記述があります。「家畜を守る犬は白い毛で足の速い犬がよい」「農場を守る犬は黒い被毛で大きな頭がよい」。牧畜犬は薄闇のなかでもオオカミと区別しやすい白色がよく、農場の番犬は侵入者に対して威圧的な黒色がよいと述べています。一理ある気がしますね。

ヒエログリフで刻まれた犬の名前

紀元前2280年ごろにいたAbuwtiyuw（アブティーユー）という名の犬は特別な犬だったようで、墓と名が刻まれた墓碑があり、上質な布や香料とともに埋葬されていました。歴史上最古の部類に入る犬の名です。

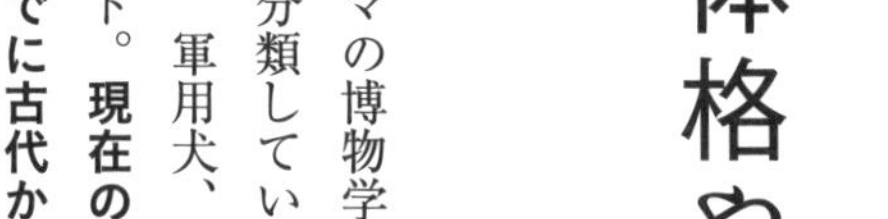

ヒエログリフでは名前の最後に象形文字を入れてそれが何であるかを表します。この場合だと犬の象形文字が最後に入り「アブティーユーという名の犬」という意味になります。

古代エジプトのモザイク画

紀元前2世紀のもの。白に黒や茶色の入った犬が赤色の首輪をしています。天然石をカットした小片で作るモザイク画は数千年経っても色をいまに伝えます。

マスティフのような犬の粘土像

紀元前2000年ごろ、メソポタミア文明のもの。大きな頭部や筋骨たくましい体格など、マスティフそっくりです。

古代エジプトの遺跡に見られる犬

壁画などで見られる犬をまとめてスケッチしたもの。さまざまな体格、まだら模様や斑点模様、巻き尾、胴長短足の犬までいて驚きます。胴長短足の犬は乳が張っています。

92 古代ローマ人やギリシャ人は「ただかわいがるため」に小型犬を飼っていた

仕事をさせる目的ではなく、**単にかわいがるための小型犬も古代から存在していた**ことが遺跡や書物からわかっています。古代ローマでは愛犬に「Deli《デリ》ciae《シエ》」という言葉をよく使っており、これは現代の「Sweet heart」（愛しの）と同じ意味。ほかに、1世紀のローマ人はこんな詩を遺しています。「Issa（愛犬の名前）はスズメよりいたずらっ子。Issaは鳩のキスよりも純粋。Issaはすべての女の子より魅力的……」。現代の愛犬家と同じように犬にメロメロな古代ローマ人の姿が浮かび上がります。

古代ローマの文献には犬についての否定的な記述はほぼ見られません。強いて言えば**「家庭の婦人が夫より犬を気遣っていて困る」という記述が哲学書にある**くらい。古代ローマがなんだか身近に感じられますね。

地中海沿岸で発見されたある小型犬の遺骨は、関節症や脱臼など多くの問題があるにも関わらず長生きをしたことがわかっています。歯もありませんでしたが、やわらかくすりつぶした食事を与えられていたよう。愛玩犬が愛されかわいがられ、世話をされていた様子がうかがえます。

少女と子犬のブロンズ像

紀元前1世紀〜紀元2世紀ごろ、ギリシャまたはローマの像。等身のバランスと服装から人間は少女であることがわかります。犬は幼い子犬または垂れ耳の小型犬です。

少女メリストの墓碑

紀元前4世紀半ば、7歳くらいのメリストという少女が亡くなり、その墓碑として彫られたもの。少女の足にじゃれつく巻き毛の子犬がいます。

子犬を抱く少年の像

まだ幼い子どもが両手で小さな犬を抱きしめています。この犬はマルチーズに似ているといわれます。紀元前1世紀、ギリシャのもの。

小型犬用の石棺

この犬はたいそう愛されていたのでしょう、亡くなったあと自分の彫像が載った大理石の棺に納められました。紀元前3世紀半ば、ギリシャ・アテネのもの。

鼻ぺちゃの小型犬も古代から存在した?

2007年に発掘された古代ローマの墓には、人の横に小型犬がいっしょに埋葬されていました。2023年、この小型犬は短頭種であることが判明。フレンチ・ブルドッグやペキニーズに似た鼻ぺちゃ犬だそう。これは短頭種犬の遺骨のなかで最も古い年代のもので、このころから短頭種が作出されていた可能性を示唆しています。

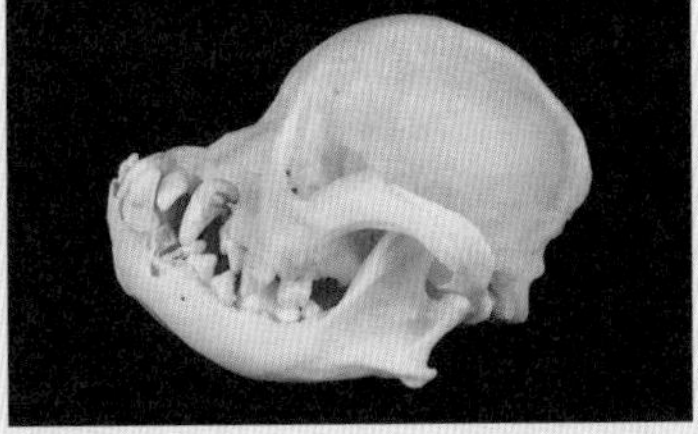

短頭種の頭蓋骨(古代ローマのものではありません)。

紀元前から犬は戦争に利用された

93

文明が興ると国ができます。国ができると、国どうしで争い始めます。紀元前から犬は戦争に用いられてきました。古代ギリシャのモロシア族が飼っていた**モロシア犬はいまでいうマスティフ・タイプで、軍用犬として活躍**。鎧を着たモロシア犬が馬といっしょに戦場を駆け抜けていたといわれます。

古代で最も広大な帝国を築いた**アレクサンダー大王も、ペリタスという軍用犬を飼っていた**と伝えられます。ペリタスはつねにアレクサンダーについて彼を守り、最期は敵の矢を代わりに受けて死んだそう。アレクサンダーが、自身が支配したインドのある都市にペリタスと名づけたのは、彼の愛犬への気持ちの表れなのでしょう。アレクサンダーはブケファロスという愛馬の名も都市につけています。

ツタンカーメンの戦争画

馬車に乗るツタンカーメンの下に、敵に噛みつく犬たちが見えます。紀元前14世紀のもの。

K-9

欧米では警察犬や軍用犬、探知犬など訓練された使役犬をK-9（ケーナイン）と呼びます。これは「犬の」という意味の英語Canineの当て字。ときには任務のために飛行機からパラシュートで飛び降りたり、催涙ガスが充満する部屋に飛び込み犯人を鎮圧したりするK-9は、犬のエリート中のエリートです。

兵士と犬が描かれた壺絵

楯を持つ兵士の足もとにいる犬は軍用犬でしょうか。紀元前500年ごろ、ギリシャまたはローマのもの。

アレクサンダー大王と愛犬ペリタス

上は紀元前4世紀のモザイク画、左は同時代の石棺にある彫刻。ペリタスの犬種は明らかではありませんが、これらは細身のグレーハウンド・タイプに見えます。

94
(COLUMN)

ポンペイ遺跡に見る犬の姿

西暦79年、ローマのヴェスヴィオ火山が噴火し、ポンペイの町は一瞬にして分厚い火山灰に覆われました。その後固まった火山灰は、生き埋めになった人や動物の形をありありと残し、歴史的に貴重な資料となっています。

民家の玄関先には番犬がつながれていました。逃げられず死んでいったのが右下の犬です（固まった火山灰に石膏を流し入れて作った像）。

左下はある家の玄関にあるモザイク画。黒い犬と「CAVE《カベ》 CANEM《カネム》」（犬に注意）の文字が描かれています。現代も玄関に「猛犬注意」のステッカーを貼りますが、同じですね。

壁画のなかには、盲人と連れ立って歩く犬の姿もありました。盲導犬もすでにこのころからいたのかもしれません。また首輪にある刻印からDeltaという名がわかる犬もいました。この犬は子どもの上に覆いかぶさるようにして死んでおり、火山灰から子どもを守ろうとしたのではないかといわれています。

ポンペイ遺跡ではいまなお発掘作業が続けられ、新しい発見が続いています。

「CAVE CANEM」は「犬に注意」という意味。ほかの家にも似たモザイク画が見つかっており、やはり黒い犬が描かれています。農場を守る番犬は黒い犬がいいと古い資料にありますが（P.166）、民家の番犬にも黒い犬が好まれたようです。

民家の玄関前につながれていた番犬。もがき苦しんだ様が見て取れます。経済的に犬を飼う余裕がない民家は代わりにガチョウを飼ったそうです。

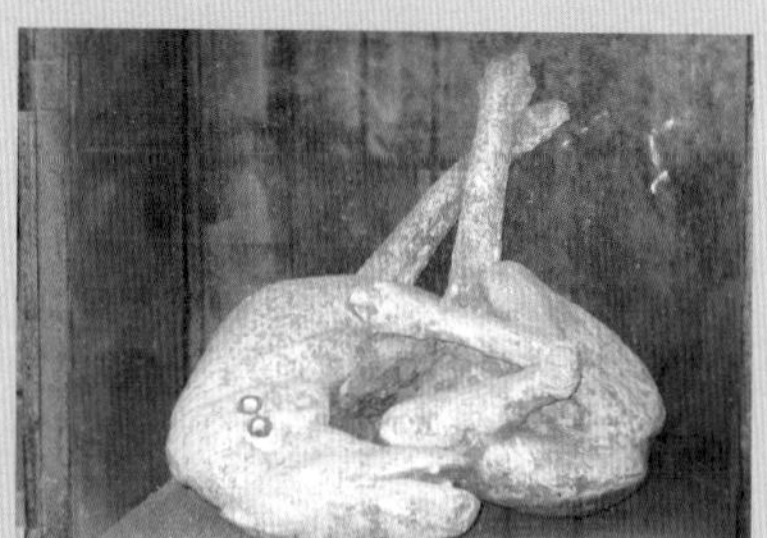

江戸時代の狛犬

昔は屋内に置かれていたため木製のものがほとんど。頭に角のあるほうを狛犬、ないほうを獅子と呼び分けた時代もありました。

95 狛犬の歴史は古代オリエントまでさかのぼる

寺社にある狛犬は恐ろしげな顔をしているものが多いですが、これは本当に犬なのでしょうか。**じつはもともとは獅子。つまりライオンです。**

世界最古の文明発生地、古代オリエントではライオンが強さや権威の象徴でした。紀元前14世紀のギリシャの城門にはライオンの姿が左右に彫られています。獅子像を守護神とする文化はインドに伝わって仏教に取り入れられ、その後中国へと広がっていきました。

中国には古くから龍や鳳凰をはじめとする聖獣信仰があります。中国には本物のライオンがいないこともあり、**獅子像は架空の動物の姿に変化していきます。**角が生えた獅子像があるのはそのためです。

日本には飛鳥～奈良時代、遣隋使や遣唐使を通じて中国から獅子像が入ってきます。四つ足で座り、その場を守るような姿に日本人は既知の動物である犬の姿を重ねました。しかし顔は日本の犬とは異なります。それは異国の犬だからだろうと、「異国のもの」を意味する「狛」をつけ「狛犬」と呼ぶようになったといわれています。

96

「犬」という漢字に見る中国の犬文化

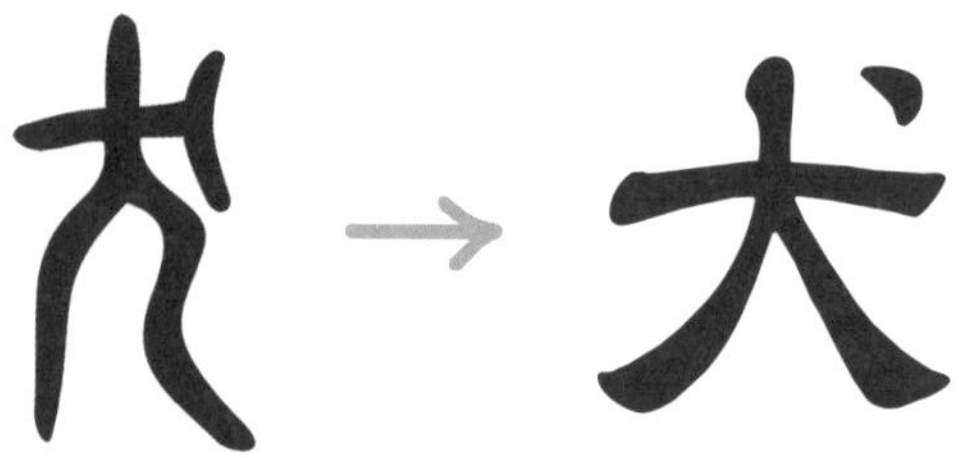

語や慣用句はネガティブな意味をもつものが多いのですが、日本においても「権力の犬」「負け犬」「犬死に」など悪いイメージばかり。中国の影響を受けたからかもしれません。

犬には災いを払いのける力がある。侵入者を追い払う番犬のイメージを拡大したものか、中国では古来よりそう考えられ、**犬を祭祀の生贄にしたり、祭祀のあと参加者全員で肉を食す風習がありました**。中国ではいまも犬食文化が残っていますが、そこには「犬を食せば災いを退けられ、特別な力を得られる」という古くからの教えが根底にあったのです。

じつはこれは「犬」を含む漢字にも表れています。犬という漢字は上記の通り単純な象形文字ですが、**一部に犬を含む漢字を並べてみると、犠牲的な**

生身の犬の代わりに使われた犬俑《けんよう》

黄泉の国へと導く存在として考えられていた犬は、死者とともに埋葬される習慣がありました。人の横に犬がいる「伏」という字はそれを表しています。右は「犬俑」と呼ばれる犬の人形。生身の犬の代わりに使われた副葬品で、日本の埴輪と同じです。

漢字「犬」の成り立ち

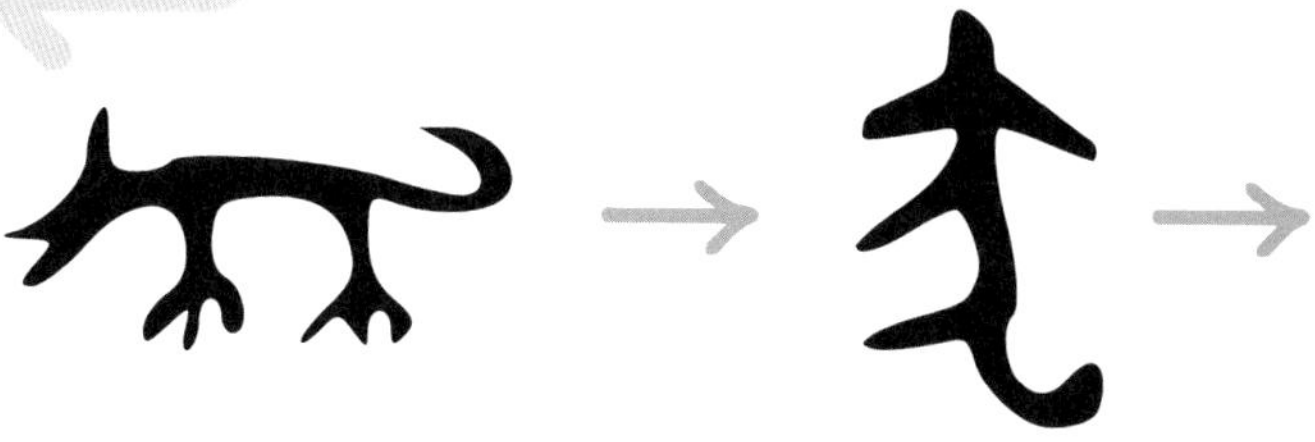

犬を横から見た姿がもとになっている象形文字。犬の右上の点は犬の耳だった部分です。「犭」（けものへん）も犬のことで、左から2番目の状態から派生したもの。「狗」は子犬を指します。中国において「犬」の字を使った熟**意味合いが多い**ことに気づきます。献（ささげる）、獻（たてまつる）、祓（はらう、汚れを清める）、厭（押さえつける）、伏（うつぶせになる）、燃（もやす）、等々。漢文学者の白川静氏などによれば**犬を生贄に使ってきた歴史がこれらの漢字を生んだ**のだといいます。

「犭」（けものへん）も犬を表しています。「獄」という字は罪人を閉じ込めておく場所という意味がありますが、両側に犬がいます。犬が罪人の番をしているのです。古代中国では犬の人形が門番の象徴として牢屋の門上に置かれていたそうです。**犬は黄泉の国につながる存在**とも考えられており、地獄の門番として左右に鎮座する絵などが残されています。古代エジプトでは犬を冥界の神と捉えましたが、不思議と共通しています。

ペキニーズは聖獣に寄せて作られた?

中国では古来より想像上の生き物である聖獣を祀る文化がありました。聖獣のなかに長毛でマズルが短く舌を垂らした辟邪《へきじゃ》という獣がおり、ペキニーズ（P.61）はこれに寄せて作られたのではないかという説があります。獅子像（P.173）にも似ていますが、中国ではこのような顔が好まれるのでしょうか。

辟邪の置物。

97 紀元前から犬と鷹を使った狩猟が行われていた

犬は鳥を追い立てて飛び立たせる役

痩せた細身の犬が狩りのともをしています。よく見ると首輪をしています。

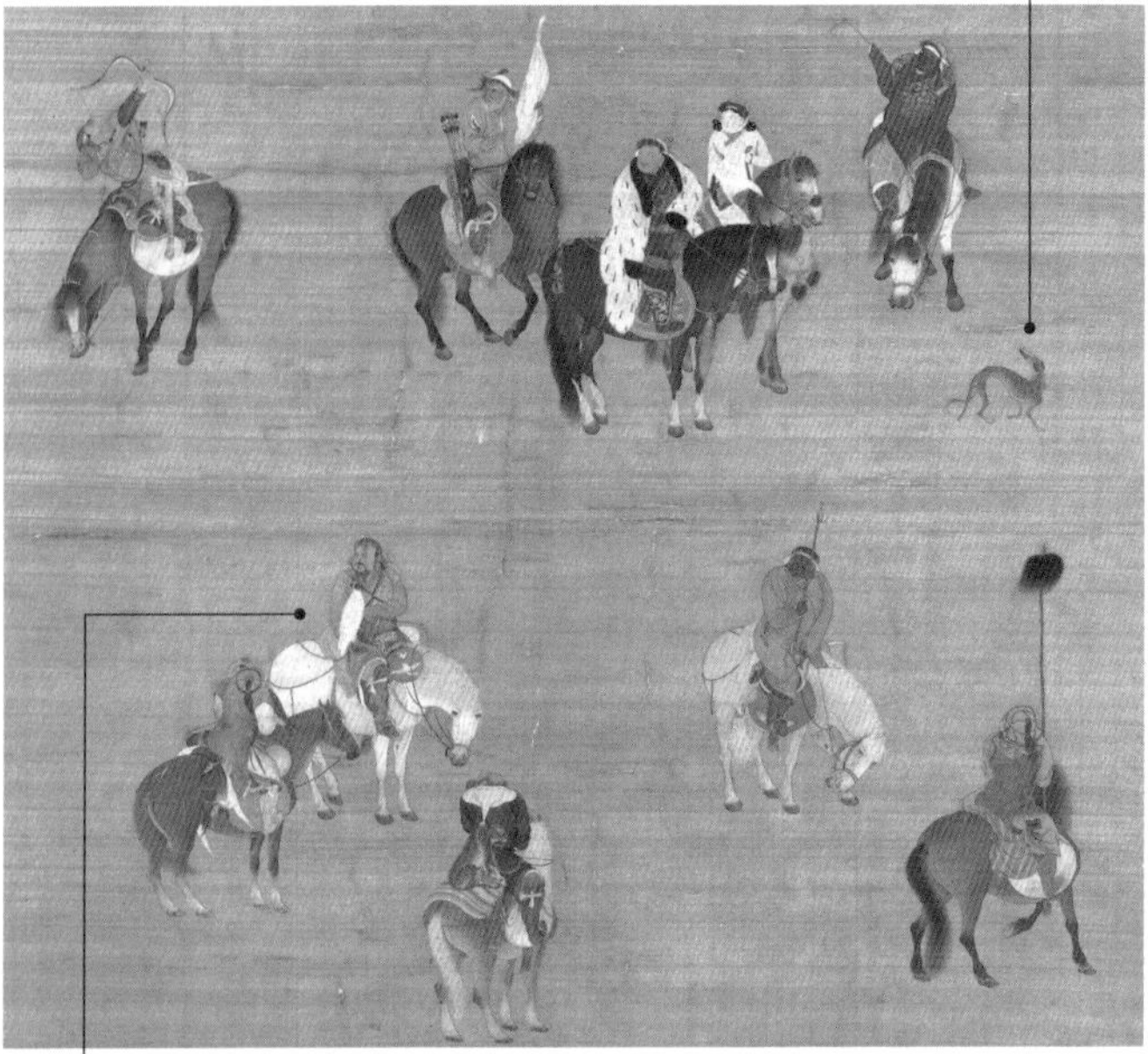

白いハヤブサを右腕に止まらせている従者

彼は猛禽類の飼育係なのでしょう。左下の男もよく見ると茶色い鷹を腕に止まらせており、後ろにはすでに狩ったらしき鳥が置かれています。その右下の人の後ろには縛られたチーターのような獣がいます。

中近東では古代より飼い慣らした猛禽類を使う狩り、いわゆる鷹狩りが行われていました。それが紀元前10世紀ごろから上流階級のスポーツとして世界に広まっていきます。

鷹狩りで重要な役を務めたのが犬でした。**藪の中に潜む鳥を見つけ出し追い立てて飛び立たせる役**を担っていました。それを空中で猛禽類が捕まえるのです。中国の熟語「放鷹走狗《ほうようそうく》」はこれを表しています。

日本には359年、百済から鷹狩りが伝えられたといわれています。鷹狩りに使う犬は当然優秀な猟犬で、江戸時代は「鷹犬《ようけん》」「御犬《おいぬ》」と呼ばれて大切にされました。

そのいっぽう、**猛禽類の食糧にされる犬もいました。**諸大名が農民に鷹餌用の犬の飼育をさせたり、犬を徴収し

（右ページ）
『元世祖出猟図軸』
劉観道作
フビライ・ハンの鷹狩りの様子を描いた絵画。黒い馬に乗った白いコートの男がフビライ・ハンで、その右奥が皇后。左上の男は上空に向かって矢を射ようとしています。1280年ごろの作品。

『ヒンドゥー教の王子と首長の肖像』
作者不明
ウズベキスタンの統治者、アブドラ・カーン2世の狩りを描いたもの。彼につき添う従者が手袋をはめた右手で鷹を持ち、首輪をつけた犬が駆け回っています。奥には白い水鳥が見えます。1630年ごろの作品。

チンギス・ハンが集めたチベタン・マスティフ

モンゴル帝国の初代皇帝、チンギス・ハンは3万匹ものチベタン・マスティフを軍用犬として引き連れ西へ遠征したといいます。チベタン・マスティフは体重100kgを超えることもある大型犬。マルコ・ポーロの『東方見聞録』ではこの犬を「ロバのように巨大でライオンのように力強い咆哮」と形容しています。

たりしたことがわかっています。会津藩ではある年に鷹餌用の飼育犬が2687匹もいて、飼育の負担が重すぎると農民が訴えたことが記録に残っています。

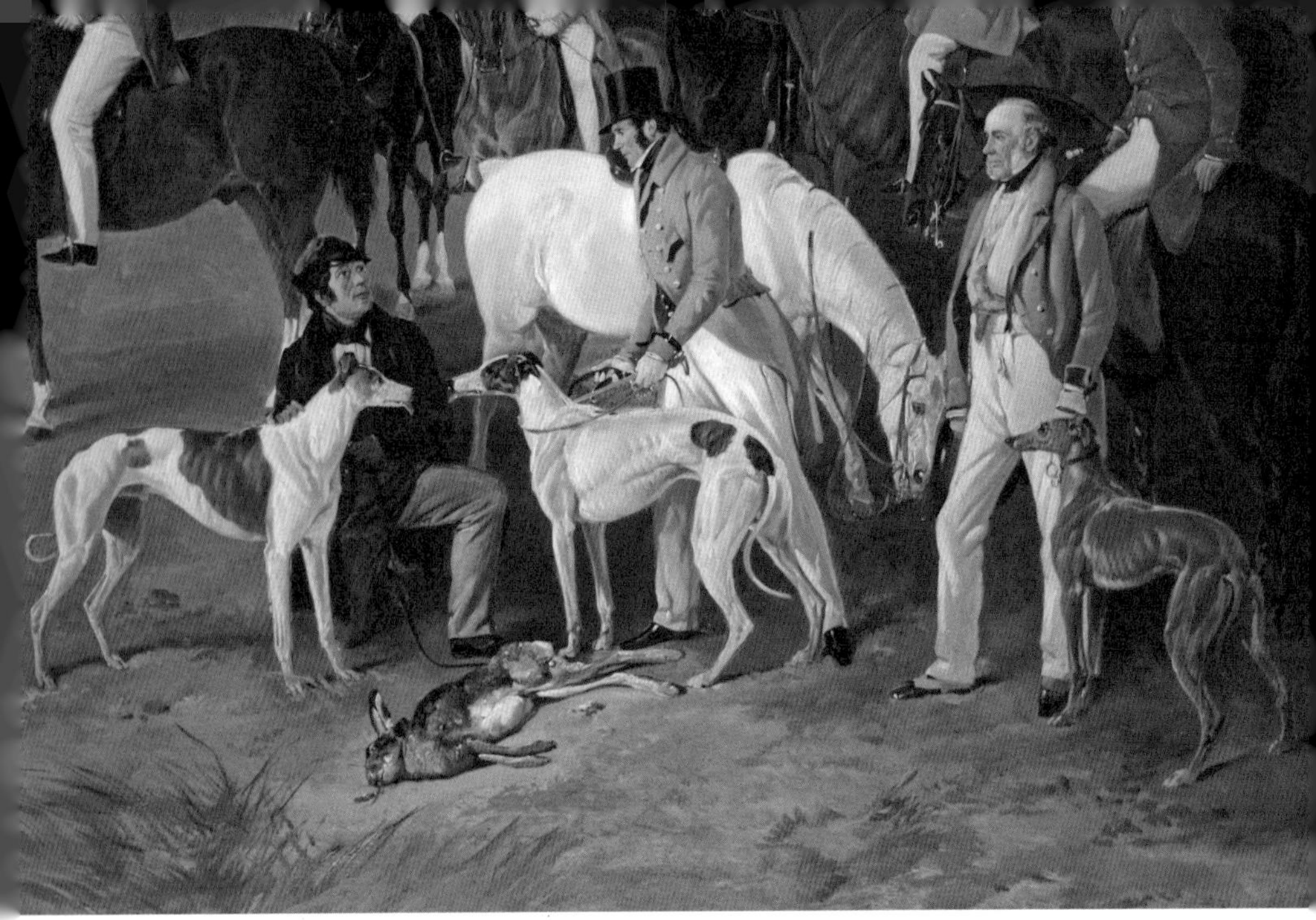

98

中世ヨーロッパでは狩猟が貴族のスポーツとして娯楽化

犬は勇気や忠実さの象徴で、犬のモチーフをあしらった紋章も多くありました。この紋章は左側に犬、右側にドラゴンがいます。

中世ヨーロッパにおいて狩猟は上流階級の人々が楽しむ娯楽やスポーツでした。15世紀ごろには銃が生まれ狩りのスタイルが変わります。獲物に噛みついて捕らえる狩猟犬でなく、**獲物の居場所を教えるポインターやセター、茂みに入って鳥を飛び立たせるスパニエル、撃った獲物を回収するレトリーバーなどの犬種が作出**されます。これらはまとめてガン・ドッグと呼ばれる銃猟犬です。

フランス宮中ではパピヨンが人気を博した

99

フランス貴族、とくに女性陣は小型の愛玩犬を溺愛しました。かの有名な**マリー・アントワネットやポンパドール夫人はパピヨン（P.60）を寵愛した**といいます。彼女たちを含め、当時のヨーロッパ貴族の肖像画にはたびたびパピヨンが登場します。

マリーの母でありオーストリア大公である**マリア・テレジアもパピヨンを飼っていた**ので、マリーはもともと犬好きだったのでしょう。ほかにもモップスというパグや、ボンボンというプードルを飼っていたといわれます。15歳で故郷を離れ心細かったマリーの心を、これらの小型犬たちがなぐさめたのでしょうね。最期、処刑の直前までパピヨンを抱いていたという逸話もあります。

ポンパドール夫人の肖像画

左下に彼女の愛犬、イネスがいます。彼女はほかにもミミ、ベベという名の犬を飼っていたといわれます。

※当時はまだパピヨンという犬種名はなく、トイ・スパニエルなどと呼ばれていました。

マリー・アントワネットの犬ハウス

金メッキが施されたブナ材とベルベッドでできています。彼女の愛犬の肖像画と思われる絵が2023年、約4000万円で落札されています。

『ウィンザー城近況』
エドウィン・ランドシーア作
猟から帰った夫のアルバート公をビクトリア女王が迎えたところ。アルバート公がなでているのはグレーハウンドのイーオス。ほかに3匹の小型犬がいます。

ビクトリア朝時代に犬種作出ブームが起きた 100

19世紀に入るとイギリスで犬種の登録や新しい犬種の作出ブームが起こります。競走馬や肉牛の品種作出は以前より行われていましたが、それが犬にも広がったのです。

エリザベス女王のコーギー好きは記憶に新しいですが、**英国王室を筆頭にイギリス人は犬好きが多いといわれます。動物愛護にいち早く乗り出したのもイギリス**。19世紀、ビクトリア女王は「動物虐待防止協会」にロイヤル（王立）の称号を授け、活動を促進しました。2020年には生後6か月未満の犬猫の販売を禁止するなど**生体販売への取り締まりを強化**。これは悪質なブリーダーにより子を産まされ続けたルーシーという犬にちなみ「ルーシー法」と呼ばれます。ペット先進国であろうとする気概がイギリスにはあるようです。

ビクトリア女王と愛犬のボーダー・コリー

女王が48歳ごろの写真。イギリス王室には犬舎があり、女王自ら犬の繁殖も行っていました。ポメラニアンはビクトリア女王が寵愛したことで小型化され、一気に人気品種となりました。

アレクサンドラ王妃と愛犬ボルゾイ

ビクトリア女王の息子、エドワード7世の妻アレクサンドラも大変な愛犬家でした。写真のボルゾイに自身と同じアレックスという名をつけドッグショーに出展。アレックスは何度もチャンピオンになりました。

ドッグショーとケネルクラブの始まり

初期のドッグショー、ポメラニアンの審査の様子。

愛犬自慢のために人々が集まる会はあちこちで行われていましたが、組織だったショーが初めて行われたのは1859年。しかしルールが曖昧でトラブルが続出し、犬種の定義等を整理する目的で1873年にケネルクラブが設立されます。当時はイギリスだけで年間380回もショーが行われるほど過熱した犬ブームがありました。

☞P.88 犬種の歴史は長くて短い

101 感染症による大量死を阻止した犬ぞりチームがいた

１９２４年12月、アラスカのノームという小さな港町で喉の痛みを訴える子どもがいました。発症から２週間でその子が亡くなったとき、医師はこれが致死率の高いジフテリア症だと確信。すでに感染は広がっており**大量死を防ぐためには血清**《けっせい》**がすぐに必要**でしたが、ノームの港は冬季は氷に閉ざされ船は近づけません。飛行機は当時まだテスト段階。深い雪のなかの交通手段は犬ぞりしかありませんでした。

一刻を争う事態のなか、最も近い町から千km以上の距離を**20組の犬ぞりがリレー形式で血清を運ぶ**という案が決議されます。無謀でしたがほかに選択肢はありませんでした。

１９２５年１月27日、犬ぞりが出発。マイナス50℃の吹雪のなか、マッシャー（操縦者）は凍傷や低体温症と闘いながら猛スピードで走行。途中、動けなくなる犬もいました。そして２月２日、ノームの町に到着。人々の命を救ったのです。

このとき**そりを引いたのが約１５０匹のシベリアン・ハスキーたち**（P.47）。彼らの勇姿は新聞やラジオで称えられ、一躍有名となりました。

（右）この旅で最も活躍したマッシャー、レオンハルト氏と彼のそり犬。左端が先導犬のトーゴ。日本の軍人、東郷平八郎にちなみます。日露戦争でロシア艦隊を破った東郷は当時、英雄として海外でも有名でした。
（左）リレーの最後を務めたカーセン氏と先導犬のバルト。

102
(COLUMN)

『フランダースの犬』最初の日本語版はパトラッシュではなくブチ

昭和の人気アニメ『フランダースの犬』は、1872年にイギリスで出版された小説が原作です。少年ネロとパトラッシュが貧しい生活を支え合いながら生きていく様が健気で、とくに教会でのラストシーンは涙なしには観られない名作です。

この小説が初めて日本で出版されたのは明治41年。このときは外国語に慣れない読者のためにと、登場人物が全員日本名に置き変えられています。パトラッシュは斑《ぶち》、ネロは清《きよし》。文体も「死の境をまでも共に越えた清はひしと斑を抱いて居る」という古風な感じで趣があります。

小説は複数の出版社から何度も発行されており、なかにはハッピーエンドに書き換えられたものもあります。ネロたちは教会で倒れるものの死なずに翌朝発見され、その後ネロはパリに絵の修行に行くという展開。本の宣伝は「原作よりも面白い」と謳っています。

ちなみにアニメの影響でパトラッシュはセント・バーナード（P.39）だと思われがちですが、原作では「フランダース産の大きな犬」としか書かれていません。そのため本や映画でもパトラッシュの外見は、短毛と立ち耳だったり、長毛と垂れ耳だったりさまざま。ベルギーのフランダースにはブービエ・デ・フランダースという犬種もいますが、これがモデルかどうかも定かではありません。

1924年に公開された実写映画の宣伝用カード。パトラッシュは短毛の大型犬です。当時のヨーロッパでは犬が荷車を引く姿がよく見られました。

103 日本には、縄文人といた縄文犬と、弥生人が連れて来た韓国由来犬の2系統がある

血液タンパク質の遺伝型を調べた研究により、**日本犬は大きく2つに分類できる**ことがわかりました。ひとつは本州、四国、九州の犬。左ページの地図で緑の場所の犬です。もうひとつは北海道や沖縄の犬。地図では赤の場所の犬です。日本の北端と南端の犬たちが似ているというのはいったいどういうことでしょうか。それは、**縄文人と弥生人の分布を知れば明白**です。

およそ1万6000年前から3000年前、現在の北海道から沖縄本島にかけての日本列島全域にすんでいたのが縄文人。そこへ2300~1700年前、朝鮮半島から九州北部に入ってきたのが弥生人です。弥生人は九州南部や本州へと広がっていきますが、稲作を行っていたので**稲作に適さない北海道や沖縄までは広がらなかった**といわれます。

縄文人は原始的な縄文犬と暮らし、弥生人は韓国由来の犬を引き連れて日本にやって来ました。ですから弥生時代以降、緑の地域では両者の交雑が進みました。しかし弥生人が行かなかった**北海道や沖縄では両者の交雑が起こらず、結果として縄文犬の特徴が多く残った**のです。

韓国の犬と日本の九州、山陰、四国の犬は遺伝的に近く、弥生人が韓国由来犬を連れて日本に渡ってきたことを裏づけています。

犬型埴輪

群馬県から出土した6世紀ごろの埴輪。鈴つきの首輪もつけており、飼い犬であることがわかります。

縄文犬の復元模型

出土した骨から再現したもの。現代の柴犬よりひとまわり小さいサイズ。福島県の三貫地(さんかんじ)貝塚では縄文人に寄り添うように縄文犬が埋葬されていました。

画像提供／八戸市博物館

犬型土葬品

栃木県の藤岡神社から出土したもので、縄文時代後期のもの。口を開けて吠えたてるような姿が珍しい。国の重要文化財。

画像提供／栃木県立博物館
所蔵／栃木市教育委員会

104 聖徳太子も藤原道長も白い犬が大好き

ヤマトタケルを導いた白い犬

ヤマトタケルの一行が信濃（長野県）の険しい山並みのなかで道に迷っていたところ、白い犬が表れ一行を導くように道を先導したという話が『日本書記』に出てきます。

応神天皇の愛犬、麻奈志漏

狩りの最中、麻奈志漏は猪を追いかけ、ある岡に駆け上がります。応神天皇はこれを見て「（矢を）射よ」と言ったのでその地は伊夜岡（いやおか）という名になりました。兵庫県・八日山（ようかやま）がその地。絵の右下にいるのは麻奈志漏ではなく、犬張子（犬型のおもちゃ）です。

古い日本の書物にはなぜか白い犬が多く出てきます。『日本書記』には山中で道を見失ったヤマトタケルを道案内する白い犬の話がありますし、『風《ふ》土記《どき》』には応神《おうじん》天皇の犬、麻奈志漏《まなしろ》が出てきます。麻奈＝愛、志漏＝白で、「愛しのシロ」という意味。聖徳太子の愛犬の名は雪丸《ゆきまる》で、これも白い犬と想像できます。

突然変異による色素欠乏（アルビノ）の動物を霊験あらたかな神の使いと見る文化は日本を含め世界各地で見られます。日本では白い鹿、白蛇、白い亀などが現れると、吉兆のしるしとして年号が変わることもありました。**白い犬はアルビノではありませんが当時はまだ珍しく、同じように神聖視された**のでしょう。どの話でも白い犬は人に幸運をもたらしたり、不運から救う存在として描かれています。

捕《と》鳥部萬《とりべのよろず》の首を持ち去って埋めた白い犬

飛鳥時代の武人、捕鳥部萬は戦に敗れ山中に逃げるも、矢を射立てられ追い詰められます。彼が自害すると雷が鳴り響き、彼が飼っていた白い犬が現れ、彼の首をくわえて持ち去ります。犬は首を埋め、そのそばに横たわって死んだと伝えられます。大阪・岸和田市には捕鳥部萬と犬を祀る古墳があります。

『前賢故實』国文学研究資料館所蔵

聖徳太子の愛犬、雪丸

雪丸は賢い犬で人の言葉を理解しお経を読んだという言い伝えがあります。写真は達磨寺（奈良県）にある雪丸の石像。近くには雪丸の墓と考えられている古墳もあります。

藤原道長を呪いから救った白い犬

道長は飼っていた白い犬を連れて日々法成寺を参拝していました。ある日、門を入ろうとすると犬が道長の衣をくわえて止めます。道長が安倍晴明を呼び調べさせると、道の先に呪物が埋められていたといいます。

これらの話のほとんどは作り話でしょうが、当時の人々が白い犬を神聖視していたことはまちがいありません。

105

平安時代は犬より猫のほうが大事にされていた

『信貴山縁起絵巻《しぎさんえんぎえまき》』の一部

作者不明

平安時代後期に描かれた国宝。当時の庶民風俗を知る貴重な資料で、猫が描かれた日本の絵画で最古のもの。

猫は室内

首輪をつけた白黒の猫が室内でうずくまっています。しっぽは動いているようです。

犬は放し飼い

痩せた犬が道をウロウロしています。左の犬は首輪をしているので飼い犬のよう。上の男は犬に棒を差し出して追い払おうとしているのでしょうか。現代では犬はリードをつけて散歩し、野良猫が自由に歩いていますが、昔は逆だったのです。

猫は紐でつながれた

平安宮中でも貴重なペットである猫は紐でつないで飼っています。『源氏物語』では猫の紐が御簾（みす）に引っかかってめくれ上がり、偶然女三宮（おんなさんのみや）を目にした柏木（かしわぎ）が恋に落ちます。

犬は古来から日本にいましたが、猫が日本にやってきたのは仏教伝来のころ。つまり**当時は猫のほうが断然珍しく、貴重なペットとして大切にされていました**。古い絵画を見ると猫は大切に室内で飼育されるいっぽう、**犬は特定の飼い主もおらず家もなく町を徘徊**する姿で描かれることが多いのに気づきます。

清少納言の『枕草子』にはこれを端的に表すエピソードがあります。一条天皇は愛猫に「命婦《みょうぶ》のおとど」と名づけて溺愛。世話係の女房もつけますが、この世話係が遊び半分で宮中にいた翁《おきな》丸《まろ》という犬を猫にけしかけます。そこを一条天皇に見つかったからさあ大変。天皇は家来に翁丸を打ちすえて島に流すよう命じます。この扱いの差……。これが平安時代の現実でした。

昔の犬の鳴き声は「びよ」

平安時代の書物に出てくる犬の鳴き声は「ひよ」。まるでヒヨコの鳴き声で、犬の鳴き声らしくありません。これが江戸時代になると「びよ」に変化。平安時代には濁点表記がなかったので「びよ」を「ひよ」と書いたのです。「びよ」でも現代の私たちには違和感がありますが、くり返し言ってみるとなるほどという気がしてきます。

ほかに江戸時代には「べう」の表記もあります。この「べう」は「びょう」と読み、やはり「びよ」と似ています。

「わん」という表記が現れるのは江戸時代中期を過ぎてから。1830年発行の書物では「土佐国人は、今も犬の声をべうべうといふ」という一文があります。このころは「わん」が一般的になり「べう」は古い表現になったことがわかります。時代によって擬声語もいろいろです。

ほとんどは飼い主のいない野犬

貴族の屋敷に勝手にすみつく犬もいましたが室内に上げることはありません。朝廷では縁の下にもぐり込んでいる犬を追い出す「犬狩」という行事も行われていました。『春日権現験記絵巻』の一部。

106 北条高時は闘犬に夢中になり鎌倉幕府を傾けた

「犬公方《いぬくぼう》」といえば徳川綱吉ですが、じつはもうひとり、鎌倉時代にとんでもない犬狂いの人物がいました。鎌倉幕府最後の最高権力者、北条高時《たかとき》です。**彼は政治そっちのけで「犬合わせ」と呼ばれる闘犬に興じました。**高時が催す犬合わせは非常に大規模で、100匹以上の犬たちを一斉に放して闘わせるというもの。それを月に12回も行ったといいます。

高時は犬合わせのために各地から強い犬や珍しい犬を集めました。鎌倉への道中は犬を輿《こし》に乗せて運んだそう。農民は輿を担ぐのに駆り出され、武士は輿に乗った犬に跪《ひざまず》かねばならなかったといいますから、人々の不満は相当なものだったでしょう。高時は集めた犬に贅沢な食事をさせ金糸銀糸の高価な綱でつないだそう。『太平記』には**「肉に飽き錦を着たる奇犬《きけん》、鎌倉中に充満して四五千疋《びき》に及べり」**と記されています。

高時の放蕩のせいか幕府は傾き、鎌倉時代は終わりを告げました。高時は病弱で虚ろな状態でいることが多かったそうですが、闘犬の何がそれほど彼を惹きつけたのでしょう……。

107 南北朝時代、敵陣に忍び込んだ偵察犬がいた

南北朝時代の軍記物語『太平記』には、敵陣に忍び込み、主人に中の様子を告げた犬の話が出てきます。南朝方の武将、**畑時能《はたときよし》が飼っていた犬獅子という名犬**です。

世は戦乱、味方の城がつぎつぎ落とされるなか、時能だけは鷹巣城《こうのす》（福井県）を護り続けていました。そこへ鷹

108
松山城を救った伝令犬がいた

戦国時代のお話。太田三楽斎《さんらくさい》という武将は岩付《いわつき》城と松山城（埼玉県）にそれぞれ50匹ずつ犬を置いていました。三楽斎が岩付城にいたとき、松山城に一揆勢が押し寄せます。松山城は岩付城に援軍を求める使者を送ろうとしますが、民衆に道を塞がれ叶いません。そこで家来は三楽斎にあらかじめ教えられていた通り、**犬の首に手紙の入った竹筒をつけて放ちます**。放たれた犬たちは帰巣本能から岩付城へと一直線。援軍が駆けつけ、事なきを得たということです。

三楽斎の浮世絵。三楽斎の犬たちは三楽犬と呼ばれ、軍用犬として訓練されていたといわれます。

畑時能と犬獅子の浮世絵。畑時能が最期を遂げた福井県勝山市では命日に供養の例祭が行われています。

巣城を落とすため、北朝方の武将、斯《し》波高経《ばたかつね》の軍がやってきて鷹巣城の四方に三十もの付城《つけじろ》（拠点）を築きます。万事休すです。

しかし時能はあきらめませんでした。夜になってから家来と犬獅子を連れて付城へこっそり向かいます。到着すると**犬獅子はひとりで付城に忍び込み、警備が厳しいときにはひと声鳴いて脱出。警備が手薄のときは脱出したのち時能の前でしっぽを振って知らせたと**いいます。犬獅子の偵察のおかげで時能はつぎつぎと夜襲を成功させました。

109

江戸時代、唐犬ファッションが流行った

唐犬《とうけん》とは洋犬のこと。唐草紋様しかり、唐揚げしかり、唐（中国）だけでなく外国から来たものにはすべて「唐」の字を当てるのが当時の習わしでした。

江戸時代、将軍や大名は外国から強そうな大型犬をたびたび輸入しました。権威の象徴になりますし、珍しい犬を飼うことはステータスだったのです。

江戸の町を肩で風切る「唐犬組」という暴れん坊集団がいたのも唐犬への注目の高さを物語っています。唐犬組は額の毛を抜いて左右を鋭く尖らせる、いわゆる剃り込みを入れるのが特徴でした。これは**左右側頭部の鬢《びん》が洋犬の垂れ耳のように見えたことから「唐犬《とうけん》額《びたい》」**と呼ばれました。

ほかにも女性の帯の結び方で両端を垂れ下げる**「唐犬結び」も流行**しました。垂れ耳の洋犬が当時の日本人には新鮮だったのでしょう。

唐犬組を率いた
唐犬権兵衛

なんと子犬が描かれた着物を着ています。やはり洋犬の子犬でしょうか。唐犬権兵衛は歌舞伎の演目にも出てきます。

唐犬頭巾を被る
成瀬正虎《なるせまさとら》

江戸時代前期の武士、成瀬正虎は垂れ耳の犬のようなユニークな頭巾を被っています。ちなみに成瀬家の居城は犬山城です。

110

徳川綱吉は「生類憐れみの令」で10万匹以上の犬を保護した

犬公方綱吉は**東京・中野の屋敷に10万匹の野犬を収容した**といわれます。飼育費は年間3万6千両（約14億円）にも上り財政を圧迫。しかも収容された犬は小屋で寝ているばかりの生活で病気になり多くが死んだといいますから浮かばれません。

犬を保護する際に使った犬駕籠（推定復元模型）。
画像提供／中野区歴史民俗資料館

綱吉がこれほど犬を偏愛した理由は、ある僧に「嫡子に恵まれないのは前世で殺生を行ったため。今世では生類《しょうるい》を憐れんで徳を積むように」と言われたから……という有名な説は、現在ではほぼ否定されているそう。嫡子だった徳松が5歳で亡くなる前からこの政策が始まっているからです。綱吉は儒教に傾倒し、捨て子や病人の保護も行ったので、実際は**広く弱者の養護をしたかった**のだと考えられます。もう少しやり方がよければ「天下の悪法」などと呼ばれずに済んだのに……。

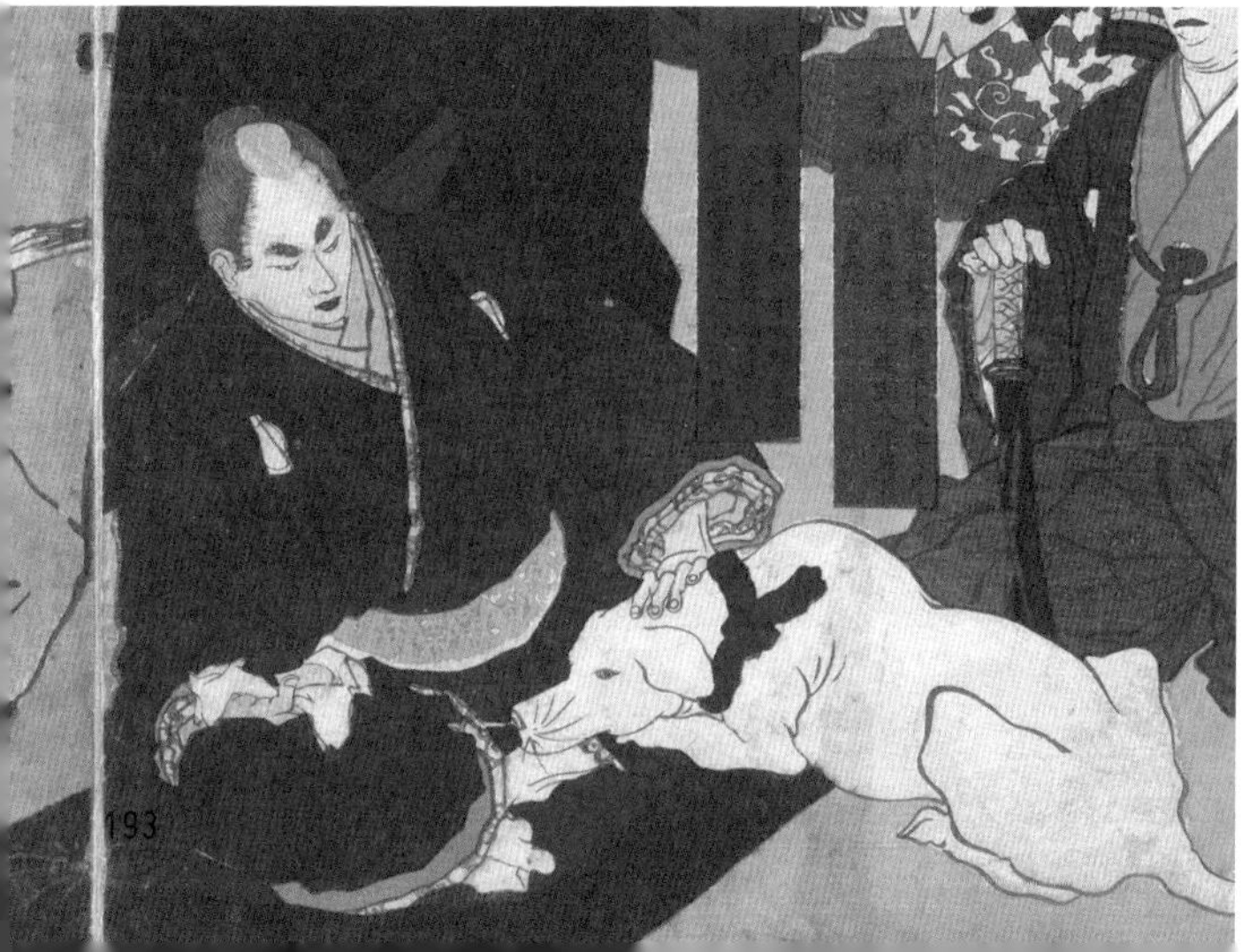

犬をなでる綱吉を描いた浮世絵。最近では「動物愛護の先駆け」と、綱吉の功績を見直す向きもあります。

主人の代わりに伊勢神宮にお参りする犬がいた

江戸時代にはお伊勢参りが流行り、誰もが一度は伊勢神宮を参拝したいと願いました。しかし当時の旅は徒歩で数か月かかる場合もあり、行きたくとも行けない人もいます。そこで**飼い主の代わりに伊勢神宮まで旅をする「おかげ犬」が誕生した**というのだから驚きです。首に「お伊勢参り犬」という名札をつけ、道中は宿場の役人や見知らぬ人に食事をもらいながら旅をし、無事お札を持って帰ったそう。**お伊勢参りはみんなで応援すべき行事であり、それを助けることは徳を積むこと**と考えられたので、皆が協力したのです。

おかげ犬は道中にかかる路銀《ろぎん》も首に結わえていましたが、誰も盗もうとはせず、逆にお金を追加する人もいたとか。ほほえましい話です。

浮世絵に見るおかげ犬

白い犬が首に風呂敷を下げています。おかげ犬と道中をともにする旅人もいたよう。犬の札には飼い主の住所なども書かれていたので、帰りは送り届ける人がいたのかも。

札をさげた伊勢参り犬

仙台で1858年ごろに見かけたおかげ犬を書き留めたもの。「道の真中を脇目も触れずしづしづと通る一匹の赤斑犬」と書かれています。

DOG MUSEAM

江戸時代のかわいい犬絵

コロコロ丸くてゆる〜い日本画の犬絵、
けっこうたくさんあるんです。
日本の「かわいい」の源流、ここにあり。

長沢芦雪《ながさわろせつ》の『薔薇蝶狗子図《ばらちょうくしず》』(一部)

人気絵師の芦雪も子犬の絵を多く残しています。なぜか後ろ足を横に流す「お姉さん座り」をした子犬がよく出てきます。18世紀後半の作品。

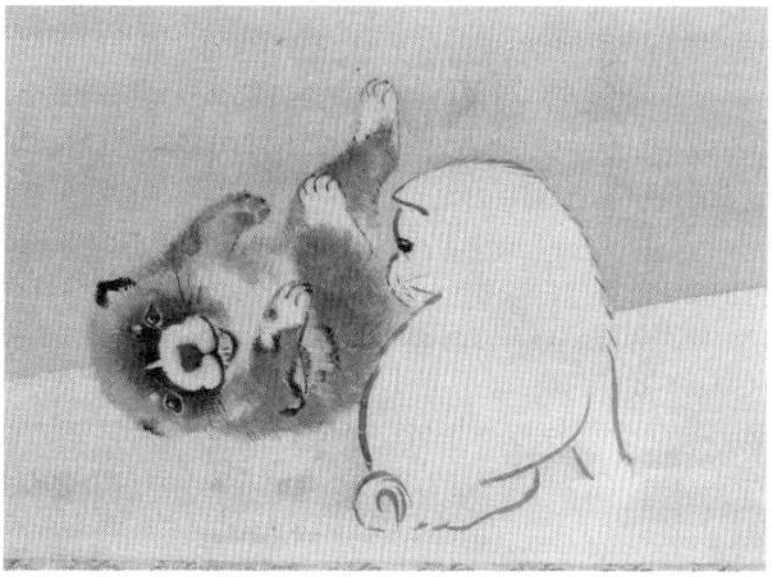

円山応挙《まるやまおうきょ》作の掛軸(一部)

応挙は「足のない幽霊」の作品で有名な画家。そのいっぽうでかわいらしい子犬の絵もたくさん残しています。応挙の子犬は現代でもファンが多く、雑貨などに使われています。1779年の作品。

柳川重信《やながわしげのぶ》の『里見八犬伝《さとみはっけんでん》』扉絵

『南総里見八犬伝』の絵を任された重信は、内容とはあまり関係のない子犬をこれでもかとばかりに扉絵に描いています。中の挿絵はシリアスタッチなので、扉絵で犬への愛を爆発させたのかも？

112

将軍や大奥に特別愛された"狆"

『鏻姫像《れいひめ》』 狩野芳崖作

毛利元運の長女、鏻子の肖像画。1860年ごろの作品。腕に派手な首輪をつけた狆を抱いています。ちなみに「ちんくしゃ」は狆がくしゃみをしたような顔という意味です。

大奥の中で遊ぶ狆

天璋院篤姫（てんしょういんあつひめ）も狆を飼いたがったけれど家定が動物嫌いであきらめたそうです。『千代田の大奥神田祭礼上覧 狆のくるひ』の一部、楊洲周延作。

狆《ちん》はその字面から中国産の犬種と思われることもありますが、れっきとした日本産。古代、韓国や中国から献上された犬をもとに日本で作出された小型犬です。

狆は身分の高い人が室内で飼うお座敷犬で、ほかの犬とは別格の扱いでした。それは古い資料に「犬や狆」という記述があることからも明らか。「犬」

狆を抱くアレクサンドラ王妃

イギリスのアレクサンドラ女王（P.181）は2匹の狆を飼っていました。1905年に1匹が亡くなったことを聞き、日本の美子皇后（明治天皇の后）は2匹の狆を女王に献上。その狆は「ハル」「トーゴ」と名づけられました。ハルは美子皇后、トーゴは東郷平八郎にちなんでいます。

マネの描いた狆（上）と
ルノワールの描いた狆（下）

マネはアトリエでものをかじりまくる狆に手を焼いたそう。左上にTAMAと描かれています。

とは分けられていたのです。大正時代の辞書にはなんと、**「犬と猫の中間にある意でけものへんに中と書く」**という記述も。たしかに小型で長毛、短頭の狆はほかの日本犬とは別種のように見えたことでしょう。

狆は日本産の珍しい犬として海外にも渡りました。ペリー来航のあと数匹の狆が持ち帰られ、そのうちの2匹が**イギリスのビクトリア女王（P.180）に献上**されています。

当時、ヨーロッパでは日本ブーム（ジャポニズム）が起こっていました。美術評論家のデュレが奈良県で購入した狆をタマと名づけ、帰国後**画家のマネとルノワールに描かせています。**ヨーロッパ人は狆の鼻ぺちゃぶりに影響され、その後キング・チャールズ・スパニエルのマズルを短く改良していったようです。

113

上野の西郷隆盛像が連れている犬はツンじゃなかった

西郷隆盛の愛犬といえば薩摩犬のツン。ツンはメスの狩猟犬で、鹿児島県薩摩川内市のキャラクターにもなっています。当然、上野の西郷隆盛像の犬もツンだろうと思っていたのですが、調べてみるとモデルになったのは当時の海軍中将が飼っていたオスの薩摩犬。オスもメスも大差ないと思ったのかもしれませんが、どうせならメスをモデルにしてほしかったですね。

調べてみるとこの像はほかにもツッコミどころが多々。例えば、これは西郷さんが犬の散歩をしているところに見えるし実際そのように説明しているものも多いのですが、**本来は犬を連れて山中でウサギ狩りをする姿**。帯から垂れ下がっているのはウサギ用の縄罠です（帯の一部にしか見えない……）。

狩りに見えないのは服装のラフさが原因です。狩りでは傷つかないよう手や足を守るのがふつうですが、像の発案者のひとりが当時海外のシャツ姿の英雄像を見て「ラフな格好の英雄ってかっこいい」と思ったらしいのです。そんなわけで着流しに草履という出で立ちに。それが「ふらっと散歩に出た」感を醸し出してしまったのです（西郷の飾らない素朴さをよく表現しているという意見もあります）。

西郷は写真嫌いで肖像画しか残っておらず、銅像の顔を作るにも苦心したよう。除幕式で西郷夫人が銅像を初めて見たときは**「やどんし（主人）はこげな人じゃなかった」と言った**とか……。鹿児島にも西郷像はありますがだいぶちがう顔つきです。

『神奈川権現山《ごんげんやま》 外国人遊覧』 歌川能一作
犬を連れて歩く西洋人たちを右側の日本人親子が眺めています。

114 明治時代の庶民は洋犬を「カメ」と呼んだ

鎖国が終わり明治になると、欧米人とその犬が大勢日本にやってきて、庶民も洋犬を多く目にするようになりました。そのころ庶民は、洋犬を「カメ」と呼んだそうです。なぜなら**欧米人が愛犬を「Come here!」と呼ぶのが「カメや」と聞こえたから**だとか。ウソのような本当の話です。

昔から日本では犬は基本的に放し飼いです。去勢手術などもありませんでしたから、**洋犬と日本犬の交雑が進み、純粋な日本犬が減ってしまいます**。それに危機感を覚え、日本犬保存運動が始まったのが昭和3年。日本犬の貴重さにやっと気づいたのです。

犬が増えるとともに狂犬病もたびたび発生し、行政が対応に追われます。昭和25年に狂犬病予防法が制定。飼い犬の登録やワクチンの義務などの法整備が進められ、じょじょに放し飼いは減っていきました。

明治時代の絵つき英和辞典。
犬はドッグ、猫はカット、
馬はホールス。

115 渋谷のハチ公は生前から人気だった

言わずと知れた忠犬ハチ公。亡き飼い主、上野英三郎博士を渋谷駅で待つ姿が新聞に取り上げられ、**生前から大の人気者**でした。大きな秋田犬ですが穏やかな気性で、人を怖れないので首輪を盗まれたり、眉毛の模様を描かれたりしたこともあったそう。そういう大らかな性格だからこそ渋谷駅前の名物となったのでしょう。いっしょに写真を撮ったり、食べ物をあげる人がたくさんいたようです。

昭和7年、**銀座松屋で日本犬展覧会**が開かれたときには、渋谷から車に乗せられてハチ公も参加。会場で一番の人気を誇りました。昭和9年、渋谷駅前で行われた**ハチ公像の除幕式には本物のハチ公も立ち会いました**。このときの銅像はその後戦争が始まり資源として鋳《い》つぶされたため、いまの銅像は2代目です。

ハチは上野博士の未亡人や、上野宅に出入りしていた庭師の小林氏、食事を与えていた飲食店の人々、渋谷駅職員など、町全体で見守られていた状態でした。いまでいう地域猫のような感じかもしれません。最期、路上で亡くなったときは渋谷駅で告別式が行われ、ハチを支えた人々が参列。皆に愛された大型犬でした。

渋谷駅で上野博士を待つハチを未亡人と駅長が見守っています。ハチは毎日午前9時ごろと5時ごろに渋谷駅へ行ったそう。上野博士の出勤と帰宅の時間です。

右の画像提供／白根記念渋谷区郷土博物館・文学館

南極でタロとジロを守った第3の犬がいた？

116

昭和32年、そり引き用の樺太犬22匹を連れて南極を訪れた日本の観測隊。3か月後、ひどい悪天候によりやむなく撤退が決断されます。離れた場所にある船までは飛行機1機で移動せねばならず、**体重の重いオスの成犬15匹は基地につないで置いて行けという命令が下されます**。

隊員と犬は厳しい環境のなか、苦楽をともにした仲間です。とくに世話係の北村隊員は「それならいっしょに残る」と主張しますが、天候が回復したらすぐに戻るからと説得され、しかたなく同意。大量の食糧を犬たちのそばに残し出発します。

結局天候は回復せず、基地を再訪できたのは昭和34年。多くの犬がつながれたまま死んでいるなか、鎖を切って生き延びたタロ・ジロに再会できたのは奇跡でした。

じつはこの話には続きがあります。**昭和43年、基地のそばの雪の中から1匹の樺太犬の遺体が見つかった**のです。タロ・ジロと同じように鎖を切って生きていたであろう犬は、毛色などからリキと推測されました。リキは最年長の面倒見のよい犬で、幼かったタロ・ジロの親代わりの存在でした。**置き去りにされたあと、リキがタロ・ジロの面倒を見たから2匹は生き延びられたのではないか**。北村隊員はそう語っています。

そりの先導犬で王者の風格があったというリキ。

(右) 南極で再会したタロ・ジロと北村隊員。

画像提供／国立極地研究所

117

(COLUMN)

純血種の定義を見直すべきときが来ている

5章では犬と人の歴史を見てきましたが、ここで少し、犬と人の未来について考えてみたいと思います。2章P.88でも述べましたが、犬に「純血種」「雑種」の概念が生まれたのはほんの150年ほど前のことです。そして同じ犬種内で交配し続けることによって遺伝病が増えることもわかっています。人間でも、近親結婚を続けた中世の貴族は先天性疾患が増え、断絶を迎えたなどの例があります。

同犬種どうしから生まれた個体しか純血種と認めない、という定義をもう見直すときです。別犬種の遺伝をほんの少し混ぜるだけで遺伝病は回避できます。例えばダルメシアンのほとんどは尿酸代謝異常という遺伝病を発症します。アメリカの遺伝学者シャイブル氏はこの病気をなくすため、ダルメシアンと近縁のポインターとの交配をスタート。15世代目に遺伝的には99.98%ダルメシアン、見た目もダルメシアン、しかし遺伝病はないという犬を作り上げました。名前はフィオナ。100%純血種の犬よりこのフィオナが劣っているとどうしていえるでしょうか。

フィオナはほかのブリーダーの猛反発に遭いつつも、ダルメシアンとして登録する権利を勝ち取りました。フィオナの子孫は今後遺伝病で苦しむことはありません。ほかの犬種も同じようにすべきではないでしょうか。健康な犬と暮らすことを望まない人など、いないのですから。

6

犬は人類の最良の友

118

飼い主と愛犬は見つめ合うだけで絆を結ぶホルモンが出る

親しい人といっしょに過ごしたり触れ合ったりすると、ほっとしますよね。これはオキシトシンというホルモンのなせるわざ。親しい者どうしは見つめ合うだけでオキシトシンが分泌することがわかっています。そしてオキシトシンは不安を軽くしたり自律神経を整えるなど、心身に好影響をもたらします。嫌なことがあると親しい人に会いたくなるのは、無意識にオキシトシンの効果を得たいと感じているからです。

これと同じことが飼い主と愛犬のあいだにも起こります。**信頼しあっている飼い主と犬が触れ合ったり見つめ合ったりすると、互いにオキシトシンが分泌されます。**オキシトシンは相手への信頼や共感を高めるので、さらに相手と接触したくなります。そうして接触すると、さらにオキシトシンが増えます。これを**オキシトシンのポジ**

ティブ・ループといいます。いわゆる「絆《きずな》」と呼ばれるものは、科学的にはこのループのことを指すのでしょう。

人とのあいだにこのループを起こすことがわかっている動物は、現状では犬だけ。犬以外の動物との接触でも人間側のオキシトシンは増えますが、動物側もオキシトシンが増えるというデータはいまのところありません。「イヌがヒトをヒトにし、ヒトがイヌをイヌにした」という長い歴史があるからこそ（P.23）、犬と人のあいだではこのようなポジティブ・ループが起きるのかもしれません。

目でコミュニケーションする能力が人にもオオカミにもあった

我々ホモ・サピエンスは集団で狩りをするとき、視線でコンタクトをとっていたといわれます。獲物に跳びかかるタイミングを合わせるときなどに、視線を利用したのです。霊長類のなかでヒトだけは白目部分（強膜）が白く、虹彩（モンゴロイドでは黒目）とのコントラストがはっきりしていて視線の向きがわかりやすくなっていますが、それはこのように集団で狩りをしていた歴史が関係しているといわれます。

じつはオオカミも似た理由で視線が読み取りやすくなっています。オオカミの虹彩は明るい黄色で黒い瞳孔とのコントラストが目立ちます。これもオオカミが群れで狩りをするときなどに互いの視線を読み合うためといわれます。犬の祖先であるオオカミとヒトは、「視線を使ってコミュニケーションする」という共通点をもっていたのです。

視線でコミュニケーションする能力は古代人と犬がいっしょに狩りをするときも役立ったでしょう。犬が人のパートナーになるのに一役買ったはずです。また、ふつう動物の世界で凝視は威嚇を意味しますが、人では愛情を伝え合うという意味でも視線を使うようになりました。この特殊技術を犬は学び、人に愛情を伝えるのに目を合わせるようになりました。オオカミや犬どうしでは、愛情を伝えるのに目を合わせることはありません。

119 犬が人にもたらすよい影響ははかりしれない

犬と触れ合うことでオキシトシンが分泌されメンタルが落ち着くことはすでに述べましたが、**犬の存在は身体面にもよい影響を及ぼす**ことが明らかになってきています。犬を飼うと散歩の習慣ができ、運動量が増えて心身ともに健康になりますが、そんなことだけではありません。

なかには犬と触れ合ったり目を合わせたりしなくても、〝犬がただそばにいるだけ〟で効果を享受できるものもあります。**「犬といっしょにいると癒やされる」事実がいま、つぎつぎと科学的に証明されている**のです。

犬が人にもたらす効果

血圧が下がり循環器系の発症リスクが減る

オキシトシンは血圧や心拍数を安定させるため、循環器系によい影響をもたらします。心筋梗塞や狭心症で集中治療室に入院した患者を調べると、ペット飼育者は退院してから1年後の生存率が高いことがわかっています。循環器系患者に限らず、犬の飼育者は非飼育者と比べて通院回数が少ないというデータもあります。

幼少期に犬と過ごすと喘息発症リスクが下がる

喘息はアレルギー疾患のひとつ。犬と暮らすとアレルギーが発症しそうなものですが、幼いころに室内で犬を飼っていた人はそうでない人と比べて喘息を発症しにくいというデータがあります。幼少期に日常的に犬のフケなどに接触することで、「これは排除すべき異物ではない」と体が覚えるためと考えられています。

子どもの注意欠陥多動性障害の症状を軽減する

注意欠陥多動性障害によって起こる不注意やコミュニケーション問題は、セラピー犬がいることで軽減するという報告があります。犬がそばにいると自閉症の子どもの社会的行動が増えたり、小学校の教室に犬を置いておくだけで児童の問題行動が減り、教師との交流が増えたという報告もあります。

認知症の予防・改善が期待できる

高齢者施設に犬や猫を連れて行き動物介在療法を行うと、ほかの療法（ゲーム等）を行ったときと比べて、認知レベルの低い高齢者も発話したり会話が長くなる傾向があります。交流が減りがちな高齢者にとって犬は貴重なパートナーとなり、社会的交流を増やすのにも役立つといわれています。

セラピー犬も仕事で落ち着く

犬が人によい影響を与えてくれるのはもちろん嬉しいのですが、気になるのが犬側の負担。犬のほうはもしかしたらストレスを感じているのでは……と心配してしまいますよね。でもご安心を。セラピー犬について調べた2020年発表の研究で、犬はセラピー前よりもあとのほうが心拍数が下がっていることがわかりました。ストレスがかかれば、心拍数は逆に上がるはず。少なくともマイナスの影響はないようです。

作業効率が上がり、成し遂げる力が強まる

犬がそばにいると人は緊張しにくくなって作業効率が上がったり、学習意欲が高まることが報告されています。犬の世話をすることで自己効力感（自分ならできるという気持ち）も高まり、実際に成績が上がった例も確認されています。仕事や勉強にもよい影響を与えてくれるんですね。

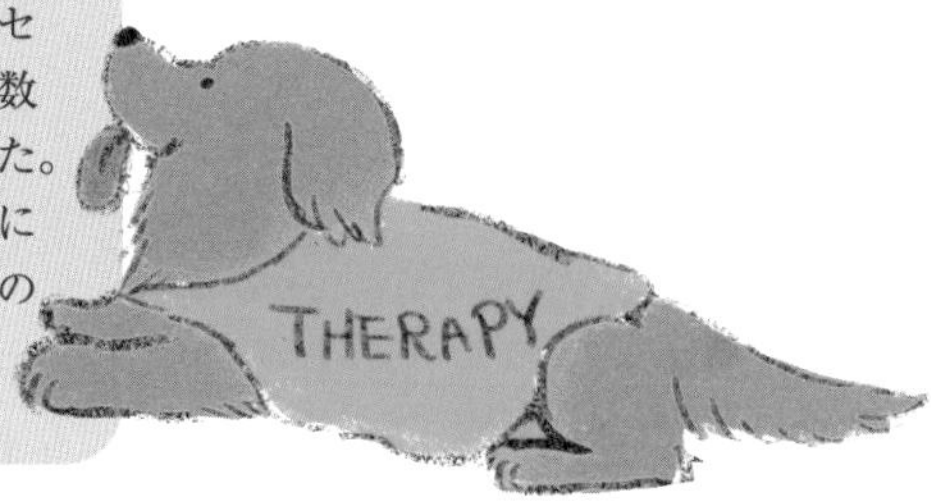

120 犬は飼い主を「心の安全基地」にしている

「心の安全基地」という言葉をご存じでしょうか。人間の親と子の愛着関係を表すもので、子どもの気持ちのよりどころとなる人物のことです。心の安全基地をもつ子どもは、いざとなれば戻れる安全基地があることでチャレンジ精神が育まれ、健やかな発達ができることが知られています。

親が子の「心の安全基地」になれているかどうかを調べる「ストレンジ・シチュエーション」というテストがあります。見知らぬ部屋に親子で入り、子どもがどんな行動をするかを調べるものです。安定した愛着関係が築かれている関係では、親がそばにいるときは子どもは安心して遊んだり、その部屋を調べまわったりします。途中で親が子どもを残し部屋から出ていくと、子どもは不安そうにドアを見つめるなどして探索行動が減ります。そして親が戻ってくると抱っこなどの接触を求め、また安心して遊び始めます。

これを犬に応用しようと考えた研究者がいます。51組の飼い主と犬に同じようにテストしたところ、ほとんどの犬は人間の子どもと同じようにふるまいました。つまり**犬の「心の安全基地」は飼い主であり、犬と飼い主の関係は**

人間の親子の愛着関係に近いことが示されたのです。

幼いころに家に迎え、長年いっしょに暮らしてきた飼い犬なら、この結果は当然のように思えるかもしれません。しかし保護施設から引き取った高齢犬も、里親に同じような愛着を築きます。保護施設で暮らし人間との接触がほぼない犬も、1日10分、一対一で触れ合う時間を3日間とっただけで、その人間に愛着を示すことがわかっています。

ちなみに**人に慣れたオオカミでも人間に特別な愛着を示すことはありません**。生後すぐに母親から引き離し人が育てたオオカミでも、世話した人を心の安全基地とする行動は見せないのです。犬が人間と深い愛着関係を築くのは、大昔からともに生きてきたなかで備わった、特別な性質なのでしょう。

愛されている犬は眠りが深くなる

犬の睡眠も人間と同じようにレム睡眠（浅い眠り）とノンレム睡眠（深い眠り）に分かれています。右のストレンジ・シチュエーション実験のなかで、飼い主のそばで眠ったときの犬の脳波を調べたところ、愛着度合いの高い犬ほどノンレム睡眠（深い眠り）が長いことがわかりました。またノンレム睡眠中のアルファ波が少ないこともわかりました。アルファ波は不安が高いほど増えるので、愛されている犬ほど眠りが深く、安心して眠れるようです。
ちなみにアメリカの調査によると、女性の飼い主がいっしょに眠って最も心地いいのは人間のパートナーではなく愛犬だそう。人といっしょに眠るより犬といっしょに眠ったほうが睡眠を邪魔されず安心して眠れるとか。あなたの場合はどうでしょうか？

121 犬は飼い主のにおいが一番好き

飼い主のにおい、知らない人間のにおい、同居犬のにおい、知らない犬のにおい、そして犬自身のにおい。これら5種類のにおいをコットンに含ませて犬に嗅がせると、**飼い主のにおいを最もよいにおいと感じる**ことがわかりました。脳の尾状核《びじょうかく》という部位が最も強く活性化したのです。尾状核は報酬の期待に関わる部分で、簡単にいうと飼い主のにおいを嗅いで「飼い主に会える！」と期待して喜んだことを示しています。

また、**おやつがもらえる合図を見たときと飼い主から褒めてもらえる合図を見たときでは、15匹のうち13匹で後者のほうが脳が活性化**したという実験結果もあります。もう、どれだけ飼い主のことが好きなんでしょう。

これらの実験は脳の活動状態を調べる装置「ｆＭＲＩ」を使って行われました。ｆＭＲＩでデータをとる際は、披験者はじっとする必要があります。機械がたてる騒音も大きくふつうなら怖がっておかしくない状況で、研究者は数か月かけて犬をトレーニング。結果、飼い主のにおいを嗅いで喜びを感じても、犬たちは体をピクリとも動かさなかったのです。すばらしいですね。

122 飼い主が自分以外をかわいがると嫉妬する。たとえそれがぬいぐるみでも

飼い主が愛犬の前で犬のぬいぐるみをなでたり話しかけたりすると、**犬は飼い主とぬいぐるみとのあいだに割って入ったり、ぬいぐるみに吠えたり噛みつくなど「嫉妬」のような行動を見せる**ことが実験でわかりました。ぬいぐるみではなくハロウィンのカボチャのおもちゃをなでたり話しかけたときには大きな反応はなかったことから、犬はぬいぐるみを本物の犬、もしくは犬に近い生き物と思い、ライバル視したものと思われます。

右ページと同じようにｆＭＲＩを使った実験でも似たような結果が出ています。装置内にいる犬から見えるように犬の等身大人形を置き、その人形におやつを与えるふりをすると、**脳の偏桃体《へんとうたい》という部分が活性化**したのです。偏桃体は人間では不満や怒り、嫉妬などの感情と関わる部分。バケツの中におやつを入れるのを見せた場合ではそれほど活性化しなかったことから、自分ではなく別の犬におやつが与えられたと思い不満や嫉妬を感じたと考えられます。これも犬の人への愛着の深さゆえなのでしょう。

123 飼い主と再会すると嬉し泣きする

飼い主と5～7時間離れたあと再会した犬は「嬉し涙」を浮かべる……2022年、そんな研究結果が発表されました。再会時、涙の分泌量が大幅に増えるのだそうです。**人以外の動物がポジティブな感情によって涙を多く分泌することがわかったのはこれが初めてのこと。**再会の喜びでオキシトシンが増え、それが涙の増量につながっているようで、実際、オキシトシンが含まれた目薬を差しても犬の涙が増量したといいます。犬の場合、目から涙が溢れ出ることはほとんどありませんが、目が潤んでよりかわいく見え、飼い主の養育行動を促す効果があると考えられるのだとか。

飼い主ではないけれど親しい人との再会では涙の増量は見られなかったそうです。**嬉し泣きするのは飼い主のときだけ**なのです。

うれションは叱ってはダメ

相手の前でオシッコをもらすのは、無力な子犬のようにふるまう服従のサイン（P.146）。叱るとますます服従しようとうれションが増えることがあり逆効果です。

124
(COLUMN)

帰宅後は愛犬をなでてあげよう

飼い主と再会したときの犬のオキシトシン濃度を測った研究があります。再会したときに①飼い主が犬の体に触れたり話しかけたりする、②話しかけるのみ、③犬を無視して椅子に座り雑誌を読み始める、という3パターンでそれぞれ計測しました。

いずれのパターンでも再会直後の犬のオキシトシンはバーンと上昇。しかし、③の無視パターンではすぐに下降しました。オキシトシンが高いレベルで安定したのは①だけ。②でもオキシトシンは上昇しましたが、①のレベルには達しませんでした。

この実験では観察者がそばにいましたが、③では飼い主に無視された犬が観察者に接触を求める行動も見られました。つまり、犬は人に触れて喜びを分かち合いたいのです。再会のたびに愛犬をなでたほうがいいのはまちがいありません。

下記は、ある実験で犬のコルチゾール（ストレスホルモン）が下がることが確認できた、なで方のコツ。愛犬をなでるときの参考にしてください。

ストレスホルモンが下がったなで方のコツ

- 犬を自分に寄りかからせたり、座らせたり、寝そべったりするよう促す
- 犬の肩、背中、首の筋肉を深くマッサージする。または犬の頭から後ろ足まで長くしっかりとなでる。皮膚を動かすだけでなく、その下にある筋肉も動かし、圧は中～強程度まで変化させる
- 穏やかな声で犬に話しかけながら行う

125 赤ちゃん言葉で話しかけるのは正解

愛犬をかわいがるときはつい「かわいいでちゅね～」などの赤ちゃん言葉を使ってしまいますよね。じつはそれ、大正解なことが２０２３年、科学的に証明されました。例によってｆＭＲＩ

（P.210）を使った実験です。あらかじめ録音しておいた人の声をfMRIの中でじっとしている犬に聴かせ、犬の脳が活性化するのはどの声かを調べました。

録音は同じ人が同じ言葉を、相手を替えて発した声。①大人に向かって言う、②人間の赤ちゃんに向かって言う、③犬に向かって言う。それを12人分用意しました。

結果は、**②の赤ちゃんに向かって発した声に犬の脳が③の犬に向かってと、強く反応**。人は赤ちゃんや犬に話しかけるときは自然にゆっくりと、抑揚をつけて高めの声で話してしまうものですが、それは実際に犬が反応しやすい話し方だったのです。これからも堂々と、犬に赤ちゃん言葉を使って話しかけましょう。

126 犬に「おいしい名前」をつけたくなるワケ

マロン、クッキー、きなこ、大福。これらは日本人が犬によくつける名前です。海外ではニョッキやティラミス、アイスクリームなどの名をもつ犬がいます。洋の東西を問わず、おいしそうな名前の犬は大勢います。

愛犬に好物の名をつけるのは、**「食べたくなるほどかわいい」という気持ちの表れ**かもしれません。かわいいものを食べたくなるのは「Cute Agression」（キュート・アグレッション／かわいさへの攻撃性）と呼ばれる反応。**人はかわいすぎるものを見ると動揺し、気持ちを落ち着かせるために正反対の攻撃的な感情をもつことがある**のです。かわいい相手をぎゅっと押しつぶすほど抱きしめたくなるのはそのせい。実験で、梱包材のプチプチを人に渡して動物の赤ちゃんの画像を見せると、プチプチする数が増えるのだそうです。

127 飼い主と犬は自律神経系がシンクロしてストレスもうつる

気持ちが同調することを「息が合う」といいますが、実際、**親しい者どうしがいっしょにいると呼吸や心拍数などの自律神経系がシンクロしながら落ち着いていく**ことがわかっています。これは人どうしだけでなく飼い主と犬のあいだにも起こります。見知らぬ場所に連れて来られた飼い主と犬ははじめ緊張していますが、互いに接触しているあいだに落ち着き、心拍数が見事に同じ線形を描き始めるのです。

この同調現象は互いのストレスを和らげるなど基本的にはよい方向に働きますが、困ったことに**飼い主のストレスが犬にうつる**こともわかっています。実験で飼い主に暗算などストレスのかかる作業をさせて飼い主の心拍数が上がると、同時に犬の心拍数も上がるのです。これは飼い主のストレスがすぐ

ストレスがうつりやすい犬種

- シェットランド・シープドッグ
- ボーダー・コリー

人と密接にコンタクトをとりながら働く牧羊犬たちは共感力が高い個体が多いよう。そのぶん、飼い主が慢性的なストレスを抱えていると影響を受けやすく、毛に溜まったコルチゾールレベルが相関するという結果が出ています。また心拍数を調べた実験ではオスよりメスのほうがシンクロ率が高く、より共感力が高いことがわかりました。

ストレスがうつりにくい犬種

- 柴
- シベリアン・ハスキー
- バセンジー

これら原始的な犬種は飼い主のストレスの影響を受けにくいよう。飼い主と犬の毛のコルチゾールレベルを調べた研究では、とくにシンクロは見られませんでした。原始的な犬種はオオカミに気質が近く、独立心が強いぶん人への共感力は低いと考えられます。ほっとするような、ちょっと寂しいような……？

に犬に伝染することを意味します。また**飼育期間が長いほどシンクロ率が高いこと**も明らかになりました。

一時的なストレスならすぐ回復します。問題は、すぐに立ち直れないような慢性的なストレスも愛犬に伝染してしまうことです。過去のストレスレベルは毛の中に溜まるコルチゾール（ストレスホルモン）で測ることができるのですが、女性の飼い主58人の毛髪とその飼い犬（シェットランド・シープドッグとボーダー・コリー）の被毛を調べたところ、約3か月間のコルチゾールレベルに相関関係が見られました。**共感力の高い犬はストレス状態の飼い主といっしょにいることで、自分もストレスを受けてしまう**のでしょう。愛犬のためにもストレスは溜めず、なるべく早く解消するように努めたいものです。

犬と飼い主は似る。外見も、そして内面も

128

ロングヘアの女性が長毛の犬を連れていたり、口髭をたくわえた男性の愛犬はやはり口髭のような被毛をもつシュナウザーだったり。飼い主と愛犬の見た目が似ていることは少なくありません。その理由は、**人は自分と似たところのある犬を無意識に選ぶ**から。人は慣れ親しんだものに好感を抱く性質があります。自分の顔には当然慣れ親しんでいて、似た面持ちをもつ犬を自然と好ましいと思うのです。ある調査によると、**長髪の女性は立ち耳の犬を、短髪の女性は垂れ耳の犬を好ましいと思うことが多い**そうです。ヘアスタイルには当然好みがありますが、垂れ耳の犬はロングヘアと似たシルエットなので好感を抱くのでしょう。

さらに、**飼い主と犬の性格を分析すると両者に大いに共通点がある**こともわかりました。活動的で外交的な飼い

主の犬はやはりとても活発だったり、穏やかな飼い主の犬はのんびり屋でおとなしいといった具合。自分のライフスタイルに合う犬を選んでいるということでしょうか。また、悲観的で神経質な飼い主の犬はやはり悲観的で神経質な傾向があることもわかりました。これは世界を危険に満ちた場所と考えている飼い主を見ながら育つと、犬も同じように世界を危険に満ちた場所と捉えるようになるということでしょう。

犬好き遺伝子がある?

ある性質の遺伝性を調べるのによく行われるのが「双子研究」です。一卵性双生児はまったく同じ遺伝子、二卵性双生児は半分が同じ遺伝子です。ある性質を双子の両方がもちあわせている割合を調べ、二卵性より一卵性のほうがぐんと高ければ、その性質には遺伝が強く影響していると考えられるのです。

2019年発表の研究で、一卵性双生児の両方が犬を飼っている割合は二卵性双生児のそれより高いことがわかりました。つまり犬好きの性質は、遺伝の可能性が高いのです。

129

飼い主がピンチだと犬は助けようとする

飼い主を窮地から救った名犬の話は世界各地にありますが、それは一部の特別な犬にしかできないことなんでしょうか。

とくに訓練を受けていない犬とその飼い主を対象に行われた、こんな実験があります。飼い主を犬が助けるかどうかという実験です。犬と飼い主はガラスドアにへだてられた状況で、飼い

主が「助けて」と言います。すると34匹中16匹がドアを開けました。飼い主が苦しげに泣きながら言った場合と、そうでない場合では、前者のほうが犬は早くドアを開けました。これは**飼い主から苦痛を感じとって早く助けようとした**のだと考えられます。

34匹中16匹ということは、半数以上の犬は助けないじゃないか、と思うかもしれません。でも、ドアを開けなかった犬も遊んでいたわけではないのです。鳴いたりあえいだりのストレス行動は、ドアを開けた犬の約2倍。これは飼い主の苦痛を感じとりつつも**どうすればよいかわからなかった**のだと考えられます。つまり、実際にできるかどうかはともかくとして、多くの犬が飼い主を助けようとする気持ちをもっていることだけはまちがいなさそうなのです。

飼い主を助けた犬たち

雪崩に巻き込まれた主人を救った忠犬タマ

メスの柴犬タマは新潟県に暮らす刈田吉太郎さんの猟犬でした。1934年、刈田さんはタマを連れて山に出かけますが、雪崩が発生し生き埋めになってしまいます。自力で雪から這い出たタマは刈田さんの声を頼りに雪を掘り続け、刈田さんを救出。タマの足は爪が取れて血が出るほどだったそうです。

画像提供／忠犬タマ公委員会

障碍者の主人を何度も救ったエンダル

湾岸戦争で重傷を負い障碍者になったアレンさん。彼の介助犬となったのがエンダルです。アレンさんが入浴中に意識を失ったとき、エンダルはアレンさんが溺れないよう風呂の栓を抜いてから非常ボタンを押したり、道端で車椅子から転落したときはアレンさんを引っぱって呼吸しやすい姿勢にしてから近くのホテルに助けを呼びに行くなど、何度も命を救いました。

130 犬と人のあいだに生まれた絆は永遠に失われない

信頼しあう犬と人はオキシトシンのポジティブ・ループを起こし、絆を結びます。その絆は、死がふたりを分かったあとも失われることはありません。**亡くなった主人を待ち続ける犬たちがその証明です。**日本ではハチ公（P.200）が有名ですが、同様のエピソードは世界中で見られます。犬が何年も主人を待ち続けるのは、「死」というものが理解できないせいかもしれませんが——だとしても、いつか会えると信じて待ち続ける姿は、飼い主と犬との強い絆の証明にほかなりません。

犬は同居の犬よりも飼い主を愛して

います（P.210）。**同種よりも人間を愛するよう変化したのが犬という動物**です。犬には人と愛情をやりとりしたいという欲求が存在するのです。野良犬でさえ、食べ物をくれる人より自分の頭をなでてくれる人に近づくという実験結果があります。

犬が私たち人間を愛していることは疑いようがありません。そのいっぽう、私たち人間は犬の愛に十分応えられているでしょうか。

世界にはいま約10億匹の犬がいます。そのうち飼い犬は約2割、残り8割は野良犬です。保護施設で暮らし、人間との触れ合いがほとんどない犬もいます。1万5千年以上の長い年月をともに進化してきた私たち人間と犬。これからもお互いに手を携え、幸せな未来を迎えるにはどうしたらいいか、私たちには考える責任があるはずです。

亡くなった主人を待ち続けた犬たち

14年間、主人の墓のそばで暮らしたボビー

19世紀、スコットランドにいたテリアのボビーはグレイ氏の飼い犬でした。グレイ氏は夜警として働き、その相棒としてボビーをいつも連れていました。グレイ氏が結核で亡くなったあと、ボビーは毎日、彼が埋葬された墓のそばで過ごしました。墓地の職員が追い払っても必ず戻ってきて、その生涯を終えるまで離れませんでした。いま、ボビーはグレイ氏のそばで眠っています。

バス停で主人を待ち続けたフィド

1941年、イタリア人のカルロ氏は夜道でケガした犬を助けました。カルロ氏はその犬を飼うことに決め、ラテン語で忠実という意味のフィドと命名。毎朝バスに乗って仕事に出かけるカルロ氏をフィドはバス停まで見送り、夜はお出迎え。2年後、カルロ氏が仕事先で帰らぬ人となったあとも、フィドは13年間バス停に通い続け、夜はバスの下で眠って過ごしました（画像はフィドの記念碑。像の下には「フィド、忠誠の鑑」と刻まれています）。

監修●菊水健史（きくすい たけふみ）
麻布大学獣医学部動物応用科学科教授、博士（獣医学）。専門は動物行動学。著書に『最新研究で迫る 犬の生態学』（エクスナレッジ）、『犬のココロをよむ ──伴侶動物学からわかること』（共著、岩波書店）、『ヒト、イヌと語る コーディーとKの物語』『日本の犬 ──人とともに生きる』（共著、東京大学出版会）などがある。愛犬はスタンダード・プードル。

著●富田園子（とみた そのこ）
日本動物科学研究所会員。編集・執筆した本に『いぬほん』『ねこほん』『はじめよう！ 柴犬ぐらし』（いずれも西東社）、『マンガでわかる犬のきもち』（大泉書店）など多数。幼少期の愛犬はパグや雑種。

デザイン・DTP　こまゐ図考室
カバーイラスト　てらおかなつみ
イラスト　ももろ、くまおり純、こにしかえ、じゅん
図版製作　ZEST

※本書のデータは2024年4月時点のものです。

教養《きょうよう》としての犬《いぬ》
思《おも》わず人《ひと》に話《はな》したくなる犬知識《いぬちしき》130

2024年6月5日発行　第1版
2024年8月30日発行　第1版　第3刷

監修者　菊水健史
著　者　富田園子
発行者　若松和紀
発行所　株式会社 西東社
〒113-0034　東京都文京区湯島2-3-13
https://www.seitosha.co.jp/
電話　03-5800-3120（代）
※本書に記載のない内容のご質問や著者等の連絡先につきましては、お答えできかねます。

ISBN 978-4-7916-3251-0